おいしい牛乳は草の色

牛たちと暮らす、なかほら牧場の365日

中洞 正

写真：安田菜津紀
高橋宣仁
なかほら牧場

まえがき

私は昭和27年、岩手県宮古市の山村で生まれた。この頃から日本の農業政策は畜産の振興に大きく舵を切った。特に酪農は昭和20年代後半から30年ころにかけて酪農振興のために様々な法整備を行った。山村で自給自足の生活をしていた我が家に乳牛が導入されたのもこの頃であった。物心がつくかつかないかの頃である。

当時の山村の子どもはテレビもなく、屋内で遊ぶおもちゃも少なく、もっぱら外で野山を駆け回って遊んでいた。まさに「ウサギ追いしかの山、小鮒《こぶな》釣りしかの川」そのものであった。遊びは子ども自らが野山で見つけるのである。

動物好きの私は当然のように牛小屋に入り牛とともに戯れることが大好きだった。仔牛は友達のように遊んでくれ、親牛はまだ小学校にも上がらない私の言うことでも聞いてくれた。2～3頭の牛しか飼っていないから家畜というより家族の一員のような存在であった。

岩手県は古くから役牛馬の産地であり、その牛馬は「南部曲がり家」と呼ばれた家で人間と同じ屋根の下に暮らしていたのである。そして乳牛の導入にあっても同様に南部曲がり家的に接していたのである。

春から秋は集落の牛を集めて裏山に草を食べさせに連れて行くのである。各家から2～3頭の牛を連れて当番の「牛まぶり」と呼ばれた監視人が一人で1日中監視をするのである。それが

楽しくて幼い私もよくついて行った記憶がある。

また乳の出ない若い牛は岳《だけ》と呼ばれた標高の高い奥山に春から秋まで放牧するのである。奥山の風景は山村の風景とは全く異なり、カヌカ平と呼ばれた野シバの草原が一面に広がり、白樺などの樹木が点々と生え、まさに桃源郷そのものであった。その記憶があるからこそ、私は山地《やまち》酪農を知り自ら牧場を持ってその桃源郷の風景を作り上げることができたと自負している。

小学校高学年には酪農家になることを決意していた。その後、多くの紆余曲折がありながらも酪農家になる夢を捨てることはなかった。中学卒業後は埼玉県の100頭近い牛を飼っている、当時とすればとてつもなく大きい牧場で働いた。そこは先進的な牧場であり、牛はまさに乳を出す機械として扱われていた。しかし当時の私は、これが近代酪農だとただただ感心するのみであった。その後、高校へ入学しさらに東京農業大学へ進んだ。

東京農大の学歌に「科学の力に自然を服し」という一節がある。まさに日本の農学のあゆみを的確に表現している一節であろう。若き農学徒の私はその一節を疑うことすら知らなかった。

大学1年の時、あこがれの大地、北海道で酪農実習を行った。酪農のメッカ根釧台地の中標津町にある滝本牧場という酪農家で約一か月働いた。内地では想像もつかない広大な牧場で毎日、越冬用の餌となる干し草づくりをやった。広大な大地に放牧されている牛を背景に汗を流す爽快感に酔いしれていた。「これが北海道だ！」と毎日のように叫んでいた。

しかし、浅学の農学徒には埼玉県の近代酪農と北海道の放牧酪農との違いを正しく理解することすらできなかった。

その後、山地酪農という手法を知った。そこで初めて酪農、農業というものの本質を考えるようになった。山地酪農には「千年家《せんねんや》」という思想がある。千年続く酪農を目指すという思想である。いわゆる今風に言えば「サステイナブル」、「持続型農業」とでもいえるか。外部投入を限りなく少なく、大量生産を戒め、自然環境に従い、家畜を慈しみ生きとし生けるものと共生しようという思想で、それを山地酪農という形で実践するものである。

　山地酪農を知ったことをきっかけに近代的酪農、工業型酪農のいびつさを真剣に考えるようになった。農業の本質は人間の命とともに永遠でなければならない。そのベースは自然環境である。土壌微生物やバクテリア、畦畔路傍の名も知れぬ雑草まですべての生き物が共に関りあってお互いの命を紡いで行くのである。それまでの近代農学は科学的技術を最優先し自然の摂理を蔑ろにする風潮がはびこっていた。

　四国は高知県で、日本初の山地酪農を実践した岡崎正英《おかざきまさふさ》氏の急な斜面の野シバ放牧地の風景のすばらしさに感動し、山梨県の八ケ岳山麓にある、アルペン酪農を提唱した日野水一郎《ひのみずいちろう》氏の牧場では、スイスのような牧歌的風景と日野水氏の開拓者魂に感動した。いずれもその光景は山の斜面に牛がいるのである。国土の約7割が山林である我が国では、ある意味当然の風景であるはずだ。

　山地酪農は単に山で牛乳を生産するだけのものではない。日野水氏はその著書の中で「スイスにはキャバレーなどのけばけばしいレジャー施設はない。ストレスのたまった都市生活者は休日になれば山の放牧地で日がな一日牛と戯れてストレスを発

散するのである」との一節がある。またスイスの山岳放牧地は世界的観光地としても有名である。なかほら牧場にも年間2〜300名の研修生や見学者があるように、ここの放牧地は観光資源としても活用できる。

2013年9月30日、フォトジャーナリストの安田菜津紀さんが初めてなかほら牧場に来てくれた。それから度々訪れ、撮った写真があまりにも美しかった。毎日見慣れている風景が写真にするとこんなにもきれいな風景になるのかと驚いた。

私と牛たちでつくり上げたこの放牧地の風景を写真集にしたいと思って編集者の二木由利子さんに相談をした。二木さんは早速、春陽堂書店さんに交渉してくれて出版の運びとなったのである。

「おいしい牛乳は草の色」というタイトルも、牛たちがくれる牛乳を日々飲み、加工している我々には、なかなか考えつかない。提案いただいてハッとし、そして納得した。野シバを食べた牛がくれる牛乳は、乳白色。生命力あふれる、大地を覆うように広がる草からの贈りものでもあるのだと。

当地は岩手県でも最奥の辺鄙なところである。時間的距離感でいえば全国で東京から一番遠い場所ともいわれている。なかなか足を運んでいただけない方も多く、そのような方々にもこの風景を見ていただければと念じてやまない。

なかほら牧場　牧場長
株式会社リンク・山地酪農研究所　所長
中洞　正

2020年2月吉日

命がめぐる山の牧場

Dialogue for People　安田菜津紀（フォトジャーナリスト）

今でもよく、なかほら牧場に初めて行ったときのことを思い出す。２０１３年、山々が冷たい空気に覆われ始めた秋の始まりの頃だった。東日本大震災後、岩手県の沿岸の街を度々訪れていた私の中で、自然と人間との共生が一つの取材テーマになっていた。主に漁師さんたちの取材を通して、自然への畏怖の念や、その恵みが人々にどれほどの活気をもたらしてきたのか、シャッターを切る度に実感していた。そんな最中、たまたま知人である編集者からなかほら牧場のことを聞き、岩手の海だけでなく山奥の、しかも雪深いところで、どんな生活が営まれているのか、自然と興味がわいたのだ。

到着した時間はちょうど、牛たちが搾乳のために山から牛舎へと降りてくる頃だった。ここで働く若いスタッフたちの表情は皆瑞々しく、まるで友人に話しかけるように牛たちと接していた。恥ずかしながらここに来て初めて、牛たちの「表情」が本来とても豊かであることを知った。人懐っこいこ、おっとりした子、やんちゃな子。個性豊かな彼女たちは、搾乳が終わるとまた悠々と山に戻っていく。体をいっぱいに動かしながら山を駆け回る犬たちと共に、中洞さんは急な斜面をジープで颯爽と巡る。時々山にごろんと寝転んで休憩する中洞さんの横に、自然と牛が集まり甘えてくる。どちらが牛でどちらが人間なの

か、もはや区別がつかない、なんとも微笑ましい光景だ。同じ空間を分かち合って生きるとはこういうことなのかと、ここに生きるあらゆる命の姿を見て思う。

なかほら牧場に通うのは、単に取材のためだけではない。私たちが赴く国々の中には、一年を通して乾いた大地が延々と広がっている場所も少なくない。なかほら牧場の自然は季節によって様々な表情を私たちに見せてくれる。緑が太陽に向かっていっぱいに手を伸ばす春、空の青みが一層深まる夏、燃えるような紅葉に包まれる秋、一寸先さえ見えないほどの吹雪に覆われる冬。しんしんと積もる雪の下で、大地はすでに次の季節に手を伸べようと力を蓄えている。海外取材から帰国後、この牧場をまた訪れると、四季の移ろいに触れるごとに、自然のリズムと自分自身が共鳴し合っていることを感じさせてくれる。

日ごろ東京で暮らしていると、体の規則が自然のサイクルとずれてくるのをはっきりと感じてしまうことがある。電気さえあれば何時でも仕事に手をつけてしまう。空を見上げてもそこには、ビルに切り取られた空しか広がっていないこともしばしばだ。大自然と街中、どちらが優れている、という優劣を語りたいのではない。ただ、人間らしく生きるとは何かを考えた時、私には自然に囲まれての心の深呼吸が必要だった。なかほら牧場で働く若い世代の中には、小規模ながら自らの牧場を持ち、未来を切り開こうと考えている人もいる。「ああ、今私は、生きている」。そんな実感を持てる瞬間が増えていくことが、この社会を少しずつ、優しい場所にしてくれるのではないだろうか。

２０２０年２月吉日

千年家――命の循環

Dialogue for People　佐藤慧
（フォトジャーナリスト）

「しあわせの牛乳」（ポプラ社）の執筆のために、3年近く、季節の移ろうなかほら牧場に通わせてもらいました。

　清々しい夏の風、鮮やかな紅葉、しんしんと降り積もる雪、そして新たな命の芽吹き。牧場の山は、まるで生きているようでした。いや、きっと生きているのでしょう。人間の尺度では測ることのできない大きな呼吸を繰り返しながら、たくさんの命を育みながら。

　そこに生きる牛たちもまた、そんな山と一体となり、ひとつの生命を形作っているのです。山の土について、中洞さんがこんな話をしてくれました。「この山の表土はね、何万年、何億年という生命が積み重ねてきた命の残滓なんだ。この数センチ程度の黒土がとても愛おしい」と。

　僕たち人間は、それぞれ百年足らずで人生を終え、生まれる前のことも、死んだあとのことについても、まるで何も知りません。でも、こうして山の土に含まれる無数の命のことを想うと、僕たちの命もまた、遥か昔から運ばれてきて、そして未来へと紡がれていくものなのだということに気づきます。

　忙しい都会の生活で、日々心をすり減らすように生きていると、そんな大きな命の在り方を、ついつい忘れがちです。毎日を生きるのに必死となり、他者への思いやりも薄らいでいくよ

うです。そんな中で、大きな命の循環するなかほら牧場を訪れる時間は、心の洗濯のようなひとときでした。

こういった生命観、生き方に惹かれて、なかほら牧場には全国から多くの若者が学びに来ます。朝早くから山を歩き、全身くたくたになるまで働いて、日が沈んだらみんなで食卓を囲みます。「いつか自分の牧場を」と夢見る若者たちの瞳は、満天の星にも劣らず輝いていました。

そんな若者たちに囲まれていると、中洞さんもまた奮い立つといいます。「オレもまだまだ負けてらんねえなって、思うんだよ」。その満面の笑みには、これまでの苦労も喜びも、深く刻まれています。決して楽な道のりではありませんでした。時代がまるで反対方向に向かおうとしている逆風の中で、それでも「山地酪農」を貫いてこれたのは、先人たちへの尊敬の念と、次世代への想いがあったからでしょう。そして何より、山で草を食むのんびりとした牛の姿が、心の底から大好きだったからでしょう。この光景を、千年先まで繋いでいきたいと、中洞さんは語ります。

「千年家」とは、山地酪農の提唱者、猶原《なおはら》恭爾《きょうじ》さんの残した言葉です。自然のリズムと呼吸するように生きていけば、人類は地球環境と調和しながら末永く生きていける。折しも、世界規模での気候変動、大規模災害の相次ぐ今の時代にこそ、必要な言葉ではないでしょうか。千年先にも、万年先にも、自然とのびやかに呼吸するみなの笑顔がありますように。

2020年2月吉日

目次

なかほら牧場へようこそ

幸せな牛たち

丘あり森ありの
広大な土地
澄みきった空気
おいしい湧き水
古くから
この国土に根ざす
日本在来の野シバに
覆われた大地

この牧場では
牛たちが
あるがままの姿で
暮らしている

野シバを食べる
牛の牛乳は乳白色
ほんのり黄色みがかり
草の色を連想する

定められた生のままに過ごし、成長する。

2858

猛暑の日も、吹きすさぶ寒雪にも、その摂理の中で生きる。それが自然のまま。

母親の乳を飲む仔牛。そんな当たり前の光景が、いまやここ以外の牧場では、ほぼ見ることができない。

牛たちの排泄物は、その食べ物になる草木を育て

草木の根は、土をしっかり固定して水を蓄える土地を作ります

地球まるごとの生の循環の中

自然のまま、牛らしく生きているから

みんな元気で健康で、幸せです

だから私たちが分けてもらう乳は

安心・安全でおいしい、幸せな牛乳なのです

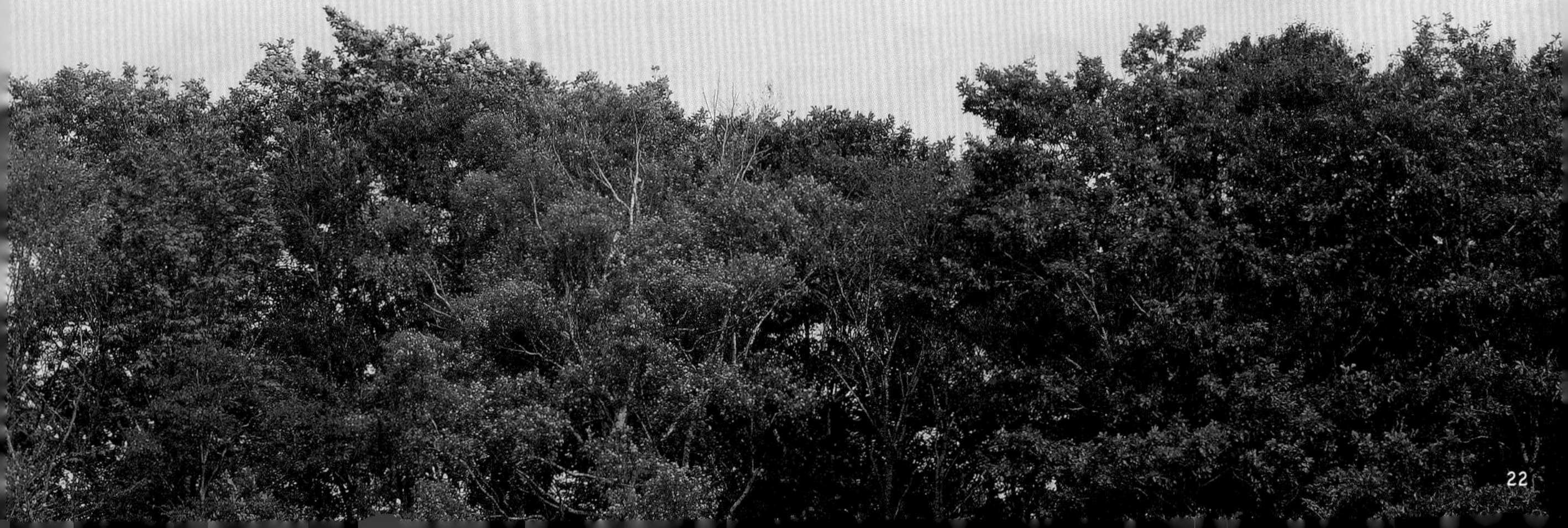

なかほら牧場の「山《やま》地《ち》酪農《らくのう》」

豊かな自然が残る岩手県岩泉町

なだらかに連なる山の背に、牛たちの姿が見え隠れします

牛たちは好きなときに好きなところに行き

好きなように草を食み、寝そべり恋をして

子どもを産み育てます

自分たちの力で

自然は人間のものではない

生きものを道具にしないで

ありのままに牛を育てることは

かならずできると信じて、この地を選んだ

志は半ばだが、実感は掴んだ

ここの牛たちは今日も幸せだろうか

そう自分自身に問いかけながら

この酪農を成功させるために

日々汗を流している

中洞 正

岩手県下閉伊郡岩泉町、緑の中に伸びる
田舎道に、素朴な手づくりの看板が建つ。

春
spring

牛も植物も人も、待ちわびた春
冬の寒さから守ってくれた
長い毛が抜け落ち、
日に日に暖かさを増す
陽の光を愉しむ日々がつづきます

ｼシバも木々も、いっせいに芽吹き、牧場一帯が若草色に染まる。
たちものどかな雰囲気を満喫。スタッフたちには山菜摘みの楽しみも。

冬の間、干し草とサイレージで過ごしてきた。久しぶりの青草の感触に、草といい木の
葉といい、若芽を見つけては一心に食む。そうして野シバの山は整備され、広がっていく

春は恋の季節でもある。
ちょっとした仕草から、牛たちのウキウキ、
ソワソワした気分が伝わってくることも。

牧場を流れる川の水は、そこここから湧き出す、塩素が入っていない天然水。
「いい水」はすこやかな牛乳の大切な要素のひとつ。

山の草以外のエサを食べる機会は多くない。冬の干し草と、干し草を発酵させたサイレージ。そして搾乳のごほうびや、仔牛などのおやつとして与える、ビートパルプや、きな粉。

草が芽吹く春は出産ラッシュ。急に母親らしい顔になった牛たちが、
生まれたばかりの我が子を気遣う。

野シバの若芽は離乳したばかりの仔牛たちにとっても、適した食事となる。

夏
summer

牧場を野シバが一面に覆う夏
冷涼といわれる岩手の高原でも
牛たちにとっては暑さが厳しい季節
陽射しが強い日中は
高台や木陰で涼をとって
過ごすことが多くなります

さが苦手な牛たちも、涼しい風が吹きわたる日は食欲旺盛。
濃く育った野シバをせっせと食む。

日本の在来種である野シバは、当然、日本の植生に適しているから自然に育つ。
横に這うように伸びることで地中に根を張り巡らせ、
強じんで保水力のある山をつくる。
山地酪農になくてはならない植物であり、牛たちに最適な食べものでもある。

のんびりしたイメージの牛も、実はかなり活発に活動する。遊ぶのも好きで、急な斜面を駆けおりる。

この牧場の牛たちは人を仲間だと思っているようだ。
特に牛のことをよくわかってくれるこの黄色いバンダナには親しみを感じている。

5490s

野シバの絨毯でひとやすみ。
夏は仔牛たちもおおいに体を動かして、健康な体をつくっていく。

JP 13513
27969

気温が低い林の中は、夏に人気の居場所。
木陰で涼みながら、野シバとは違う食事を楽しむ。

それでも暑くて食欲が落ちる日も多い。
そんなときは、陽が落ちてからゆっくり
食べればいい。

秋
autumn

まるで自然のキャンバスのように
牧場にさまざまな彩りがあふれる季節
涼しさを喜ぶ牛たちにとっては
厳しい冬の訪れの前
しっかりと脂肪をたくわえる
準備の時期でもあります

緑から黄や紅へのグラデーションを牛たちのバックに一望できる。

さまざまな秋の彩りの中にたたずむ牛たちは、とても絵になる。
その姿が、この場所の主役であると思わせる。

78352

UP
13797
28687

今年生まれた仔牛たちに、もうすぐ初めての越冬という試練が訪れる。しっかり寄り添う母牛の瞳には、我が子を守る強い意志の光が宿る。

目を奪われる紅葉が見事
になるにつれて地面の野
シバも枯れていく。
厳しい季節の到来を間近
に感じるようになる。

冬
winter

寒さに強い牛たちも、
さすがにいつもより
群れることが多くなる季節
換毛を終えたふわふわの冬毛と
秋にたくわえた脂肪をたずさえ
マイナス20℃、白銀の世界を迎えます

極寒の過ごし方を知っている牛たちは冬でも活発に動き回る。
仔牛たちがさらに元気なのは人間や、他の動物たちと同じよう。

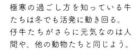

の降る日も自然のまま、
の手を借りることなく、身を寄せ合って
さをしのぐ。

2813
2813

冬にだけ与えられる人の手。干し草やサイレージの餌、寒さに慣れない仔牛たちにはマフラーをプレゼント。

命
life

出産にも手を貸さず
もちろん人工授精もしない山地酪農
母牛が、足どりのおぼつかない
愛らしい仔牛を連れてくることで
子どもが生まれたことを知る

山地酪農で幸せな牛乳をつくる

幸せが集まり、続く、牧場

大地を照らす朝日を頬に受けながら、朝露が光る目の前の山を見渡して深呼吸。今日も新しい一日がはじまる。

6時の作業開始を前に、スタッフたちが集まってくる。夏なら陽光がきらめき、冷涼な風に身も心も快く引き締まるが、冬はまだ暗い。刺すような寒風は冷たいというより痛い。そんな戸外に出ていき、一面広がる山や草地に、牛たちの姿を探す。

彼らの瞳はキラキラと輝きを放ち、その表情はやさしく、そして引き締まっている。牛たちをいとおしみ、消費者によいものを届けることを真剣に考え、自分の未来に夢を抱く者たちがもつエネルギー。それが自然の力と一体となって牧場を包み込む。

春から秋にかけて、牧場の山や草地を覆うグリーンのカーペットのような草は野シバ。地表に根を張り巡らせることで、土の流出を抑え、水をたっぷり溜め込む。

日本の国土に合うから、どんどん生え広がって牛たちのエサになる。野シバを食べた牛の糞は、天然の有機肥料となって野シバをはじめとする植物の養分になる。

あるがまま、自然のまま。
幸せな光景が広がる。

こうやって、自然はあるがままに循環している。急ぐことなく、休むことなく、無理することなく。すべての命が、ひとつのサイクルとしてつながっている。

六次産業の手応え

牛たちは、そんな場所で、今日ものんびり野シバを食み、力強く野山を駆け回る。お腹がいっぱいになればごろんと横になる。

母牛は仔牛をしたがえて、自分の行動から生きるルールを教えているのだろう。仔牛は小さな体、細い脚で必死に母のあとをついていく。お腹がすけば、お母さんの乳房にむしゃぶりついて、ごくごくとお乳を飲む。

少し大きくなれば、仔牛同士がじゃれあう姿も見られる。まるで仔犬かと思うくらい、活発に駆け回り、飛び跳ねている。

そんなふうに、体と心の望むまま自由に過ごしながら、母牛は朝夕2回、乳を搾ってもらいにちゃんと搾乳舎に来る。大事な仔牛のための母乳を、私たち人間にわけてくれるためにやってくる。

ミルカー（搾乳機）で乳を搾る。文字どおり、

牛と人も自然のまま、助け合って地球上に生きる仲間。

乳白色の牛乳は、母牛と仔牛の命の絆そのものだ。すぐにプラントに運ばれ、低温で最低限の殺菌後、牛乳、プリン、ヨーグルト、バター、アイスクリームなどに加工される。

牛からもらった乳を、スタッフが丹精込めて加工した製品。それらは直売や催事の売り場、インターネット販売などを通して消費者のもとに届く。

味わった人たちからの

「本当の牛乳って、こんな味がするんですね」

「牛乳ぎらいの子どもがゴクゴク飲みます」

「こんなおいしいバターははじめて!」

なかほら牧場の乳製品で幸せを感じた人たちの声。スタッフのモチベーションになると同時に、改めて牛たちへの感謝を心に刻む。

ここには六次産業の基本がある。原点といってもいい。それは私たち人間の幸せの原点だ。

つまり、牛たちが健康で幸せでなければ、人の幸せも健康もない。

ほんものの牛乳?な牛乳

スーパーに行くと、いろいろな牛乳が並んでいる。

牛の体温を伝える乳白色の牛乳に感謝して。

なかほら牧場の牛乳のように、牧場名が製品名になっているもの、「おいしい」「さわやか」など、耳に馴染んだ言葉が書かれたものなど。製品名だけでなく、成分無調整や、低温殺菌、ノンホモジナイズなど、製法も書かれている。

牛乳の味にこだわる人なら、製法による味の違いも知っていて「低温殺菌が好き」などという好みもあるかもしれない。でも、多くの人は買いものに便利な店の、安い値段の牛乳を選んでいるのではないだろうか。

私たちの牛乳は、720㎖で1000円以上。価格で選ぶ人は、最初から手に取らない。「それじゃ、贅沢品じゃないか」

そう、牛乳は贅沢品だ。私の子どもの頃は、それを誰もが知っていた。栄養たっぷりの贅沢品だから、病気など特別なときに入手して口にするものだった。薬のようなものだ。

そんな牛乳を毎日飲んでいる家庭は、我が家のように、牛飼いをする家だけだったはずだ。

搾りたての、まだ牛の体温が残る牛乳のおいしかったこと。それを低温でゆっくりとわかしていき、表面に張った膜をすくって食べる。汲み上げ湯葉のようなものだ。口の中でとろりと溶けて広がるミルクの風味。最高においしく贅沢な好物だった。

牛らしく生きる牛が出す牛乳こそ、本物の牛乳だ。

おいしい牛乳、つまり自然の状態で飼われる牛が出した乳を、そのまま飲む。これが一番おいしい牛乳だと、私は思う。

ひと口飲んで驚く牛乳の味

なかほら牧場の牛乳は、低温長時間殺菌、ノンホモジナイズ。「ノンホモ低温殺菌仕上げ」だ。さすがに、昔のように搾った牛乳をそのまま届けることはできない。法で定められた殺菌が必要だからだ。

そこで、販売が許される最低限の殺菌をする。63〜65度の低温で30分。牛乳に含まれる、タンパク質をはじめとした成分を変質させないように。

すると、さらっとして口の中に残らない、けれど風味の高い牛乳になる。初めて飲んだ人が「今まで飲んだ牛乳と全然違う！」と驚く牛乳の味だ。

低温殺菌は時間と手間がかかる。リスクもある。大腸菌がひとつでも出たら、出荷することができない。理不尽だが、身のまわりにいくらでも存在する大腸菌が、ひとつでも入っていたらいけないのだ。

まるで生クリームのようなクリームライン。均質化されない自然のままだから上部に集まる。

そこで、多くの牛乳加工場では高温で数秒殺菌する。牛乳のパッケージの裏を見ると「120度3秒」などと書いてある。

高温で殺菌するとタンパク質が熱変性して、焦げ臭いような風味や、口の中にベタっと残る後味のしつこさが生まれる。現代の日本人は、それを「牛乳の味」と思い込んでいる。

さらに、ほとんどの加工場では、加工の段階で、高温で脂肪球が焦げつかないように、牛乳に含まれる脂肪球を壊して均質化するための「ホモジナイズ」をする。当然、牛乳本来の姿とはかけ離れていく。

なかほら牧場は「ノンホモ」だから、脂肪球はそのまま。牛乳を置いておくと、ビンやグラスのまわりに脂肪のかたまり「クリームライン」ができる。自然のままの証だ。牛乳を振り続けると、少しだがバターもできる。

すべての過程がわかる乳製品

前の項で「多くの牛乳加工場では高温殺菌をする」「ホモジナイズする」と書いた。「私たちの牧場ではしない」と。

なかほら牧場では、牛の世話をし、毎日様子

牧場を歩く牛を見ながらの環境で、大切に生み出される乳製品。

をみているスタッフが、それぞれ乳を搾ったり、加工したりという担当分けで牛乳を製品化する。自分たちの手で牛を育て、乳を搾り牛乳を出荷する。

完全な六次産業スタイルで牛乳を出荷する。それはとてもめずらしいことだ。効率的でないといわれればその通りで、だから工場でいくらでも生産できる清涼飲料水のような値段では、到底売れない。

一方、たいていの牛乳は、何ヶ所もの牧場の牛乳を集め、大規模な加工場で混ぜ合わせて殺菌、パッケージ詰めなどの加工をし、全国に出荷されている。だから牧場名は書けないし、消費者が知ることもできない。

今スーパーに並んでいる一般的な牛乳は、各地の農協が酪農家から買い集めた乳を、大手乳業メーカーが原料として仕入れて効率優先で加工し、全国に流通させている工業食品だ。

対して私たちは「なかほら牧場の牛乳はほんものの牛乳だ」と胸を張れる。「牛の命から恵まれた、自然の飲みものだ」と。

工業化された牛乳工場の牛乳はどうだろう？

すべての過程を自分たちで手がける完全なる六次産業。

牛は草食なのに、どうして穀物を？

草食動物の目は優しい。大きな体をした牛も、その瞳はとても穏やかだ。それは、他の動物と争うことなく、自然に生える草木を食べて生きているからではないかと思う。

草だけを食べながら大きな体を維持し、大地を走り回る草食動物たちは、その体内に優秀な消化吸収システムをもっている。中でも牛のそれは、非常に完成度が高いという。

植物にもタンパク質は含まれている。けれど、人間は植物中のタンパク質を消化することができない。だから一般的にタンパク質というと肉から摂るイメージが大きい。

対して牛は、摂り入れるのは草なのに、あれだけ栄養価の高い牛乳を毎日出し続けてくれるのだ。その機能ははかりしれない。

牛が4つの胃をもつことは、よく知られている。それが、驚異の消化吸収システムの秘密だ。第1胃と第2胃は反芻《はんすう》胃。牛が食んだ草は、しばらくすると第2胃から口に戻り、さらに咀嚼される。細かく砕かれ唾液と混ざり合い、微生物による分解・発酵を促進する。

そして微生物の働きにより、植物中のタンパ

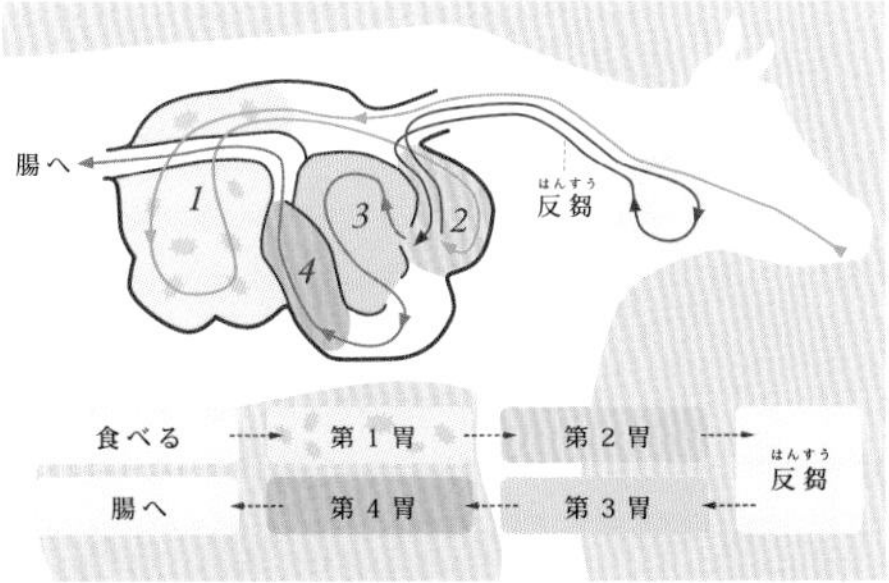

牛は植物から得られる利用しにくいタンパク質を第1胃の中で"飼っている"微生物に引き渡してその微生物を増やし、微生物の体という利用しやすいタンパク質に変換、増量して摂取する。

ク質を利用しやすい菌体タンパク質に変換・増量して栄養分にする。

第3胃では食塊を細分化して脱水を行い、第4胃は人間の胃と同じような働きをする。つまり、胃酸やタンパク分解酵素を分泌して消化を行うのだ。

一連の代謝機能によって、栄養素を分解・合成してきた微生物は、その後、栄養源として腸で吸収される。

これだけ高次元の働きが、牛の体内で日々繰り返されている。ということは、本来牛が摂るはずのないものを摂れば、その絶妙なバランスは崩れてしまうということだ。

だから穀物飼料を与え続けられる牛は、第4胃変位によって胃の中にガスが溜まったり、消化障害などを起こしたりしやすくなる。これは動物の生態上、当然のことだ。

牛が牛として生きられない日本

ほんの60年ほど前までは、牛乳は贅沢品だった。

その後、牛乳は「体にいいから毎日たくさん飲むべきもの」と決められた。日米関係下の農政によって。

「体にいいからたくさん飲め」とは、まるで栄養剤のよう。「おいしい」は重視されないということだ。

本来なら牛が食べない穀物を食べさせる。安くて手軽、アメリカが日本に買ってほしいトウモロコシがメインの飼料だ。栄養分が添加された配合飼料もたくさん与えている。

自由に動きがとれない牛舎の中で、運動させずに飼われる。

同じ敷地なら、より多く牛を飼ったほうが効率的。そして、1頭の牛からより多くの牛乳を搾り取ったほうが効率的。すべて効率だ。

子どもが産める月齢になれば、人工受精で種付けし、子どもが生まれれば、ほとんどが仔牛の姿も見せないまま引き離す。仔牛のための牛乳を、全部人間がもらうために。

仔牛が雄なら、市場を通して肥育の農家に売られ、肉になる。雌なら人工乳を、哺乳瓶やバケツから飲ませて大きくする。

そして子どもが産める月齢になれば……の繰り返し。

多くの牛は、母親に舐めてもらうことも、お乳に吸いつくこともできず、狭い牛舎の中、飼

そろそろ搾乳の時間。牛たちはゆったりと自分のペースで山をおりる準備をはじめる。

育にジャマな尻尾や角を切られて血を流し、青空を見ることも、本来の食べものである青草を食べることもない。

生理的なサイクルも関係なく何度も種付けをされ、子どもを産み、その顔を見ることもなく乳を搾られ続ける。

仔牛の顔は見られなくても、触れることはできなくても、本能は愛しい我が子を呼んで泣き、仔牛も母を求めて泣き続ける。

健康な角や尻尾を切られれば痛いし、尻尾を振って虫を払うという本能に従った行動ができなければ、ストレスが溜まる。

本来食べないものを与えられ続け、必要な運動もせず、といった日々をおくり続けていたら、当然病気にもなる。

そして、繰り返し子どもを産み続けて4～5年ほどで乳牛の役目を果たせなくなり屠殺される。

悲痛な牛乳、苦悩の肉でいい？

牛の本来の寿命は20年ほど。多くの乳牛はその半分も生きない。

なかなかほら牧場では19年生きた牛が5頭もいる。

子を想う母の愛、母を慕う子の気持ちは人も牛も同じだと感じる。

老衰で死ぬ前の月に仔牛を生んで乳を出してくれた牛もいる。

その他にも、10歳以上の現役母牛たちがいくらでもいる。牛の生態からしたら当たり前のことだが、牛舎酪農をする牧場からは驚かれる。

牛は家畜だから、人間の都合に合わせて飼われるのは仕方ない？

もちろん、肉になったり、人間の手で管理されたりすること自体は、経済動物として仕方のないことだ。私たちも雄の肉をありがたくいただいている。

ただし、少しもムダにしない。カレーやハンバーグとして販売するほか、スタッフが料理してみんなで食べたり、出荷用に加工したりする。

そして、命をいただく瞬間、牛が死を迎えるその瞬間まで、牛らしく、自然のまま、幸せに生きていてほしいと願う。そのために最大限の努力をする。

牛の消化生理に合わないエサを食べ、運動不足、ストレスまみれ、ほとんど病気という状態の牛の乳や肉。

遺伝子組み換え作物や農薬などに抵抗や違和感を抱くのであれば、牛に対しても同じことではないだろうか。

私は健康で幸せに生きる牛から、ムリのない

牛は経済動物ではあるけれど、同じ地球上に生きる命として、それぞれ個性があり、豊かな感情があり、生きる力にあふれている。

分だけ恵みを分けてもらいたい。なかほら牧場や、その製品を支持してくれる人たちも、みんなそうだと思う。そのままの牛と共生し、命を共有したい。

そして、人間の糧となってくれる経済動物のすべてが、命を絶たれるその瞬間までは、その動物らしく生きてほしいと願う。

それは動物のためだけじゃない。おいしさ、安全性、栄養などを考えれば、あるがままの姿で生きた健やかな命のほうが、それをいただく人間のカラダにとっても、絶対にいいはずだ。

「山地酪農」という常識外れ

牛らしく生きる幸せで健康な牛から、すこやかな乳を分けてもらい、しあわせな乳製品をつくって届ける。

私にとっては当たり前のことだが、日本の酪農業界ではアウトサイダーだ。そんな「馬鹿げた常識外れ」な私たちのやり方は「山地酪農」という。

山地酪農とは、植物学者の猶原《なおはら》恭爾《きょうじ》博士が提唱した酪農手法だ。私は東京農業大学の学生だったときに、たまたま学内で上映されたドキュ

本能にしたがって逞しく生きる牛の瞳は輝いている。

メント映画を観て山地酪農というものを知った。

まさに目の前が開けた気持ちだった。

牛飼いの家に育ち、牛が大好きだから酪農で生きていきたいと将来を描いた少年時代。その後、実家は牛飼いをやめた。外の牧場に働きに出てみると、大好きな牛が虐待も同然の扱いを受けていた。無理に奪われ続ける乳は、人間の都合のいいように加工されていた。

日本の酪農の現実を見た学生時代の私は目標を失いかけていた。

でも、あったのだ。牛が牛らしく生きられる山地酪農という方法が。できるのだ。幸せな牛から幸せな牛乳を分けてもらい、消費者に届ける酪農が。

私はすぐに山地酪農研究会に入会しメンバーと共に、猶原先生の教えを受けにいった。当時、体調がすぐれなかった先生は、私たちのために自宅でゼミを開いてくれた。

山地酪農は、欧米では当たり前のものであり、スイスなどでは国が補助金を出して推し進めている。それが日本では、非効率的な常識外れの酪農であり、国や農協の施策にも合わない。

後述するが「そんなやり方で育てた牛の乳ではダメ」ともとれるような扱いを受けることもあった。

牛を牛として飼育することが常識外れとされる日本の常識とは…。

日本の在来種、野シバの活用

山地酪農では、野山に牛を放ち自由に過ごさせる。放牧酪農自体は、かつての日本では当たり前のものだった。それがいつの間にか「ありえない」酪農手法になってしまった。その間、たった数十年。

放牧が山地酪農の特徴のひとつだが、それだけではない。急な斜面が多い山でも牛を放牧できるということが私の心に灯りをともした。

日本の国土は山が多い。酪農に広々した平原が必要となると、できる場所が限られてしまう。山でできるのであれば、岩手の実家のあたりにも土地はある。日本全国で酪農の可能性がぐんと広がるのだ。

そして、日本の在来種である野シバを活用するというのも大きなポイントだ。植物学者である猶原先生だからこそ気づいた方法なのだろう。

もともと日本に生育する在来種だから、日本の風土に合う。逞しくグングン育って、牛たちに天然100パーセントの食べ物を提供してくれる。野シバを食べた牛が落とす糞が、またその肥料になる。自然のサイクルでまかなえる仕組みだ。

人が手を加えるのは、最初に牧柵を張り、

草を食べた牛の糞が草を育てる、自然のサイクルの偉大さ。

ジャングル放牧できるようにすることだけ。

あとは牛たちが勝手に野山に分け入り草を踏み固め、木の葉や芽を食べる。地表に光が入るようになれば、野シバをはじめとした下草が生い茂る。種をまく必要なんてない。もともと自然に、野山にあるものだけで回っていく。

水は湧き水や流れる小川から。毒のある植物は食べず、おいしい草、必要な草だけを驚くほど器用に、逞しく食べる。地面から草をむしりとり、バシッバシッと音を立てながらおいしそうに食べていく。

そして、そのままでは人間が食べられない草を、おいしい乳に変えて分けてくれる。それが牛という生きものだ。

多くの牧場で植えられている外来牧草は、上に伸びても根が野シバほど張り巡らない。そして伸びすぎると硬くなる。化成肥料を入れることが多いため、土中の菌や生きものが減って土がやせる。野シバは伸びても牛が嫌う硬さになりにくいというメリットもある。

野シバのすごさは、地面を這うように広がり深く根を張ることだ。だから大雨や台風でも土が流れない、土砂崩れが起きにくい山をつくる。日本の国土を守ってくれるのだ。

日本の在来種である野シバが日本の山を救う鍵。

人間がラクをして山が生き返る

かつては森林や畑だった土地が、後継者不足で放置され、草木が生い茂るぼうぼうの荒地になっている。日本中の田舎でそういう哀しい風景が広がっているのが現実だ。そうなってしまった土地を、人の手で使える土地にするのは難しい。大変な労力がかかる。

山地酪農は、人の手は最小限でそんな土地をよみがえらせる。自然そのものと牛が、土地をよみがえらせ、守ってくれるのだ。

人がするのは、成長した木を伐採するだけ。あとは牛がゆたかな草地を生み出し、野シバと牛のもちつもたれつの関係で緑の牧場が広がっていく。

そうなれば、人は最小限、草木や放牧場に必要な手入れをするだけだ。

牛舎酪農では大変な労力を要する糞尿の始末も必要ない。牛糞はそのまま野シバや野草の肥料になる。

人工受精も出産の介助も不要だ。牛たちは本能のままにいちばん適した時期に交配し、母牛は自力で出産する。よっぽどの難産や、なにかしらトラブルがありそうなときは最低限のケア

張り巡らされた野シバの根は地表に水を蓄え、しっかりした大地を築く。

をするが、それもほとんど必要ない。

青草が伸びない時期、地表が雪に覆われる時期だけは、乾草やサイレージを与える。夏の間に刈って乾燥させておいた自家製の干し草を含め、すべてが国産だ。化学肥料も入れない。

雪が吹きすさぶ真冬でも、牛たちは元気に山を歩き回る。もともと寒さに強く、どちらかといえば夏のほうが辛そう。暖をとりたくなると、寄り集まって過ごす。

自然をあるがままにしておけば、人智の及ばぬ摂理で永久に続くサイクルとして機能する。それを壊したり狂わせたりするのは人間だ。自然を思い通りにしようなどと、許されない。だいそれたことをはじめれば、そのしっぺ返しが必ずくるだろう。

けれど自然を尊重し、寄り添い、自然の一員として暮らせば、計り知れない恩恵をもたらしてくれる。そのひとつが「山地酪農」というすばらしいシステムなのだ。

アニマルウェルフェアは当たり前

日本でも近年は動物愛護の考え方が浸透して

牛には牛の社会、自然には自然の掟、人間には人智とともに謙虚さがなければ。

きている。動物愛護というとペットなどの愛玩動物に対するもののイメージがあるが、人間の生活に貢献する経済動物にも、その目を向けるべきではないだろうか。

牛にだって、犬や猫と同じように、つまり人間と同じように感情がある。

もともと動物愛護意識の高い欧米では「アニマルウェルフェア（家畜福祉）」への関心が高い。「家畜は単なる農畜産物ではなく、感受性のある生命存在である」という考え方が広まり、1997年からは、アニマルウェルフェアの順守を科する条例や法律が欧米各地で採用されている。アニマルウェルフェアにのっとった飼育を行う農家に対し、政府が補助金を支給する国もある。

消費者も、自分が口にする畜産物がどのように生産されたかを意識している。家畜がその動物らしく健やかに飼育されている製品に対して半数以上の消費者が「高いおカネを払ってもよい」と回答したアンケート結果もある。

米国内ではあのマクドナルドですら「アニマルウェルフェア・ガイドライン」を取り入れ、学生食堂などでも畜産物がどのようにつくられたかを意識した仕入れが行われている。畜産業者、政府、企業、消費者が一体となって、家畜福

アニマルウェルフェアの5原則

アニマルウェルフェア発祥の地ともいえるイギリスから発信された考え方をもとに決められた5原則。

1 飢えと乾きからの解放（自由）
健康と活力のために必要な飼料と水の給与

2 不快からの解放（自由）
畜舎や快適な休息場など適切な飼育環境の整備

3 痛み・傷・病気からの解放（自由）
予防あるいは救急診療・救急処置

4 通常行動の自由
十分な空間・適切な施設・仲間の存在

5 恐怖や苦しみからの解放（自由）
心理的な苦しみを避けるための飼育環境の確保と適切な待遇

なかほら牧場の牛たちは、この5原則に「生命操作（人工的な交配、品種改良、遺伝子操作など）からの解放」を加えた6つの自由が保証されている。

祉を高めようとしている。

近年、オリンピック選手村では、アニマルウェルフェアにのっとった畜産品が提供されている。東京オリンピックでもそうするよう、海外の選手たちが訴えたものの、認められなかったというが……。

もちろん日本でも、家畜福祉の考え方は少しずつ広まりつつある。アニマルウェルフェアの基準が整備され、2016年より「アニマルウェルフェア認証制度」もスタートした。なかほら牧場はその酪農部門第一号として認証農場の、認証食品事業所として第二号の認証を受けている。

認証を受けるために変えたことは何もない。アニマルウェルフェアなどという言葉もなかった牧場開設当初から一貫して行っている「中洞式山地酪農」が、そのままアニマルウェルフェアなのだから。

牛乳にも旬がある？

1リットルの牛乳をつくるために、母牛は400～500リットルの血液を循環させるといわれている。愛しい我が子のために、命を

アニマルウェルフェア認証基準
（一般社団法人アニマルウェルフェア畜産協会）

「5つの自由」を守り、動物・管理・施設の各ベースの評価項目を80s以上クリアした農場を認証している。

削って乳を出しているのだ。

　なかほら牧場では、1頭の牛から1日8〜10リットルほどの乳を搾る。これは一般的な牧場の3分の1から5分の1ほどの量だ。哺乳期の仔牛が飲む分まで奪ってはいけない。

　ときには、牛乳や乳製品の注文に乳量が追いつかなくなるが、それは仕方ない。生きものである牛に「注文がたくさん入ったから、もっとたくさん乳を出せ」なんて言っても仕方がないのだから。

　なかほら牧場の牛乳は、自然そのままの牛から分けてもらうほんものの牛乳。だから季節や日によって味にバラつきがある。

　これも牛が生きているかぎり、そして混ぜものをしないかぎり当たり前のこと。

　青々として、水分をたっぷり含んだ野シバを食べているときは、乳脂肪分は少なめになる。冬場は青草がないので、水分の少ない国産の乾草やロールサイレージなどを食べさせる。すると乳脂肪分が多くなる。

　多くの牛乳は白いが、なかほら牧場の牛乳は黄色みを帯びた乳白色。ほんのり草の色をほうふつさせる。その色にも、季節や牛の状態によって変化が見られる。

　私たちの牛乳を飲み続けてくれている人に

自然の状態、牛の状態によって牛乳の味が変わるのは当たり前。

「季節による味の変化も楽しい」と言われることもある。

根強い乳脂肪分神話

世の中では乳脂肪分が多い牛乳がおいしいかのようにいわれている。味の好みは人それぞれなのでなんともいえないが、私はそう思わない。

農協と牛乳の取引きをする場合、乳脂肪分が3・5パーセント以下だと引き取り価格が半値ほどになってしまう。米国の余剰穀物を買わなければならないという国内農政の枠組みもあり、消費者が、乳脂肪分の多い牛乳を好むということで、このラインが決められた。

30年ほど前、この取り決めができたとき、私は山地酪農しかしないアウトサイダー的な存在で、周囲の理解も得られない。そんな中、やっとのことで手に入れた土地を切り拓き牧場をつくって、なんとかやっていけそうだと先が見えはじめていた頃のことだ。

3・5パーセントの壁は、私の希望も未来への構想もズタズタにした。山地酪農にこだわるかぎり、年間を通して乳脂肪分3・5パーセントを維持することはムリなのだ。

母牛が仔牛のために命を削って生み出す牛乳に、人間の都合は関係ない。

誰もが幸せな牛乳を飲めるように

スペース上、詳細は割愛するが、牧場経営にあたって致命的なダメージを受け、くじけかけながらたどり着いたのが直売の道だった。

自分の手で搾った牛乳を「飲みたい」と言ってくれる人たちに直接届け「おいしい！」「こんな牛乳、飲んだことない」と喜んでもらえるやりがい。

自信をもらい、あきらめずに自分が信じる方法を貫いた結果、なかほら牧場の牛乳や乳製品、そして理念を支持してくれる人々とつながることができた。その延長に今がある。

牛乳は生きた牛が出すものだ。味のバラつき、乳脂肪分のバラつきがあって当たり前ではないか。

乳脂肪分で牛乳の味が決まるわけではなく、脂肪分が多いほどおいしいと決まっているわけでもない。

なかほら牧場の牛乳でなくてもいい。みんなが、自分にとっておいしい牛乳に出会えること。おいしいと思う牛乳が、安全で、牛たちにとっても苦痛やストレスのない、しあわせな牛乳であること。それが当たり前のことになってほしい。

「ここの牛乳がおいしい」と言ってくれる人に、そのままの乳製品を届けていく。

いつでもウェルカム

牛をはじめて見た子どもが、こわごわと遠巻きに、でも興味津々に牛を見つめる。広い大地に、自分でもわけもわからず興奮して、湧き上がる衝動から駆け回る。

子どもだけじゃない。母親も牛に近づくことができず、牛が歩いてくるとよけたり、はるかに続く山や草地を目にして歓声をあげたりする。

最初の日は眠そうに起きてきて、静かに食事をしていたのが、2~3日で、朝早くから元気に牛と触れ合い、スタッフの手伝いをし、にぎやかにモリモリとごはんを食べる。あたたかですべすべした牛の乳房に触れ、搾ると飛び出してくる乳に目を輝かせる。

自然は大人も子どもも素直にさせる。あるがままの姿にさせる。親子連れ、学生、社会人……バックグラウンドもさまざまな老若男女が、牛の世話をしたり、豊かな野山で過ごす時間を楽しんでくれたりする。

私たちの牧場にいるのは、牛とスタッフだけではない。一年中ほぼ毎日、見学者や研修者がここを訪れる。スタッフと一緒に牛の世話をする。食事をする。語らう。それが日常的な光景だ。

乳を搾るための牛舎。おもに仔牛のための囲

1年を通して多くの人が牧場を訪れ、この風景を実際に見てくれるようになった。

い。そういった牛の世話のための施設と、牛たちが自由に闊歩する山や草地の間には、人間のための施設が建つ。

製造棟、発送・経理などの事務作業やミーティングなどを行う事務棟。キッチン、食堂兼リビング、風呂やスタッフの部屋に、見学者や研修生の部屋も揃っている。サウナもある。

牛の顔が見える食卓

ここ数年、見学や研修のために牧場を訪れてくれる人が目にみえて増えた。親子連れも多くなり、春休みや夏休みは部屋がいっぱいになるほどだ。

テレビや新聞で紹介されたり、私自身、本や講演で発信してきた成果だろう。催事でなかほら牧場の乳製品と、それを販売しているスタッフに出会い、興味をもって足を運んでくれる人もいる。

そう、これは成果だ。なかほら牧場のことを、たくさんの人に知ってほしい。山地酪農という、酪農のあるべき姿を見てほしい。自然の豊かさに触れ、人間も自然の一部として生かされていることを感じてほしい。

大事なことを発信していくこと。その大切さも伝えていかなければならない。

乳製品を通じて伝えている理念を、直接体で感じてもらいたい。なにより、自分が味わっている乳製品やそれをつくらせてくれる牛を見てほしい。

目の前の牛が、朝飲んだ牛乳を、昼食に食べたヨーグルトを、夕食でごはんにのせたバターを、その乳房から出してくれている。それを自分の目で見てほしい。

ときには、豪快に焼かれた香ばしい肉が、食卓に登場することもある。それもこの牧場を走り回っていた牛だ。

"素晴らしい当たり前"を共有したい

自分たちの口に入るものは、自然の恵みであり、その素材の命なのだということ。人間の食べものや、加工品のための原料としてのみ存在するものではない。それぞれが命であり、生をまっとうする中で、互いが互いに関わり合い、与え合うものだということ。

それは、人に語られても、本で読んでも、もちろん、知って考えるだけでも素晴らしいが、やはり実際に目にして、命に触れて、自分の心で

野山の中に表れる素朴な看板の先の坂をのぼると稜線に牛の姿が見えてくる。

感じることにはかなわない。

　だから、多くの人に、私たちの牧場を訪れてほしい。日帰りでも長期でも、見学者、研修生は大歓迎だ。中には、何度も繰り返し訪れ、親戚のような存在になっている人もいる。

　牛の世話や乳搾り体験をしてもらえたらうれしい。牛の顔を見るだけでもいい。野山を自由に歩き回る、幸せな牛の姿。イキイキと働くスタッフ。刻々と表情を変える自然。満天の星。

　ここでは、それらがすべて日常の風景であり、当たり前の素晴らしいものだ。はるばる遠い場所だけれど、足を運んで体験してほしい。

スタッフ増えて、夢増えて

　たったひとりでスタートした牛飼い、そして牧場経営。妻との二人三脚時代、補助金を得るのと引き換えに7000万円の借金を負ったり、やっと経営が軌道に乗ったところで共同経営に踏み出して失敗したり。その後、IT企業であるリンクとの協業で再起できた。

　ここでは詳細を語りきれないほど紆余曲折あった牧場経営のこれまで。苦労はあったがなによりただ自分が理想とする山地酪農ができる

がむしゃらに働きここまで来た。さぁ、これからも。

こと、なかほら牧場の製品を待っていてくれる消費者や、志を共にするスタッフへの感謝は尽きない。

20数名にも増えたスタッフ。他業種から転職して。本を読んで興味をもって。短期研修を繰り返すうちに。農業高校や大学の農学部を卒業して、他の牧場から……など。

きっかけはさまざま、目的や夢もさまざまな若者たちが訪れ、私たちと働きたい、学びたいとなれば、スタッフとしてここで共に過ごすようになる。

入って来る者がいれば、自分の道に向かって出ていく者もいる。流動的なメンバーではあるが、ここを出た「卒業生」との交流はずっと続いている。

山地酪農の牧場を開業する卒業生も出てきた。声を掛けてもらえれば、可能な範囲で喜んで手伝いに行く。彼ら、彼女らが手にした土地を見て、共に開墾したり作業したりする。それができるのがとてもうれしい。

これからの私の使命は、次代の酪農家、ひいては一次産業の担い手、日本の国土の守り手を育てることだと思っている。

育てるといっても、手取り足取り教える世界ではない。共に暮らし働くなかで、山地酪農の

ここから、それぞれが自分の夢を叶えていく。

技術を学び取り、自分のやり方で続けていく。それができる人間力がつくよう、私自身の来た道、自分のやり方を見せるだけだ。

そういう意味では、次代へバトンを手渡せるよう、自分の道をひたすら走り続けているということなのかもしれない。

山地酪農を全国に広げ、日本の一次産業、日本の森や山、自然を守るためには、ひとりでも多くの酪農家が山地酪農をすること。そして、それで生計を立てることが大切だ。

おかげさまで講演や執筆の機会をいただくようになった私だが、いくら山地酪農の牧場を成功させても、発信をしても、なかほら牧場だけで活動しているかぎりは、未来も広がりも限定的だ。

これまでで、山地酪農の可能性を証明し、次代につなげるための道は、なんとかつけられたのではないかと感じている。

これからは、実際に広がりつつある卒業生の後方支援と、さらなる担い手を育て続けていきたいと思う。

私の話の後に、スタッフたちのコメントを掲載した。短いものではあるが、次代の担い手たちの声に耳を傾けていただければ幸いだ。


夢は遥か遠く見えた。でも必ず叶うと信じていた。叶えると決めていた。だからこの先も想いは消えることがない。

「地に足をつける」意味

現代は、私の子どもの頃とは比べものにならないほど便利な時代だ。それは間違いない。「生活が豊かになった」「豊かな時代」ともいわれるが、現実はどうだろうか。経済的には豊かになった。物質的には豊かになった。けれど、それが本当の豊かさなのだろうか。

私がいちばん心懸かりなのは、人間と自然がかけ離れてしまっていることだ。人間は自然を思うがままにしようとしているようにさえ見える。

人間はこの地球上に生きる、生きものの一種である。その変えようのない事実を置き去りにして現代社会は進もうとしているように感じる。自然も他の動物も人間のためにあるような振る舞い。それは愚かなことではないか。自然の中で、他の生きものたちと共存して生きる。それが、この地球上に生を受けたものの、まっとうな生き方のはずだ。

教育だって、今のように自然とかけ離れてはいけない。土から離れ、自然から離れたら、命のつながりを自分のこととして感じることができなくなる。自分が自然のサイクルの中、地球のバランスの中のひとつの存在だということを

豊かな暮らしとは何か。自然に、牛たちに教えられることは多い。

理解できなくなる。

知識があっても、技術があっても、想いがなければ役に立たない。誰かの役に立つことができない。私はそう思う。

どんな仕事をしたいのか。いかに生きたいのか。そこに自分の想いがあってこそ、必要な技術が身につく。生きる力が身につく。

知識や技術が先では、苦境に陥ったときに踏ん張れない。生きる力が身につかない。それでは豊かな生き方はできず、豊かな社会を築く一員にもなれないのではないか。

強く、はかなく、なにより尊く

自然を都合よく使うことができる。他の命をいいように操作できる。そんなふうに考え、そうしようとすることは、自然や命への冒瀆だ。それは自然の一部であり、ひとつの命である人間自身への冒瀆でもあるはずだ。

これだけの知識や科学を操る人間に、なぜそんなシンプルな真実がわからないのか理解に苦しむ。

人間の手によって壊されつつある地球の環境

は、広い宇宙の中でも稀有で強固なバランスの上に存在するものだ。だからこそ、バランスが崩れれば歪みが生まれる儚いものでもある。

それは、なんと尊いものだろう。まさに、見えざる大いなる力が働いたとしか思えない、特別な事象ではないだろうか。

それを人間の勝手で壊すことなど許されない。そんなことをすれば、必ずしっぺ返しを受ける。とりかえしのつかないことが起きる。

人間が自然を自由に操れるなんて、錯覚か妄想でしかないのだから。人間は自然に生かされているのだから。

自然環境や命は神の領域。それでいいではないか。宇宙に進出するなんておこがましいこと。宇宙には天の川があり、織姫と彦星がいればいい。月ではウサギが餅をついていればいい。

そのことに気づく人、理解する人もまた、増えていると思う。それぞれが行動や発信を続け、手を取り合って、本当に豊かな暮らしを当たり前のものにしていくことが重要なのだと思う。

息をのむような星空が毎日のように当たり前に広がる、このうえない贅沢。この自然を壊すのは人間、そして守れるのも。

千年家でいこう

「千年家をめざしなさい」

私を山地酪農へ導いてくれた恩師、猶原先生は繰り返し言っていた。最後に、恩師から受け継いだこの想いを伝えたい。

　私たちを生かしてくれる自然、共存する生きものを尊重し、互いにあるがままの命を生き、共に歩む。それができれば、本当に豊かな暮らしができるはずだ。

　千年先の子孫たちも困ることなく、争うことなく豊かに生きることができる。そのために、地球環境と調和して生きること、自然を守り自然に守られる酪農を、農業を、生き方をすることが大切なのだと。

　千年家であることは、本来、難しいことでも大変なことでもない。自然のサイクルに従って自分らしく生きる。それが千年家をめざすことだったはずだ。

　けれど便利さや経済的な豊かさを際限なく求め続け、自然や他の生きものをないがしろにしてきた今、千年家は遠いものになってしまった。特別に意識し、努力しなければならないものになってしまった。

「千年家をめざしなさい」そんな言葉を伝える必要さえない、すべてが自然と調和する社会が実現したら……。

　そんな夢のまた夢のようなことを。そう笑わ

普段は落ち着いて座っていることの少ない事務室のデスクで。

れるかもしれない。でも、思い描かなければ何もはじまらない。動き出すこともできない。

夢を見ればいい。夢のまま終わらせなければいいのだ。どんな小さな一歩もゼロではない。どんな遠い道のりでも、踏み出せば確実に近づく。

それが間違いないことを、この牧場から、そして、ここから広がっている山地酪農の牧場から感じてほしい。

牛たちの顔を愛しく見ながら、少しずつ逞しくなっていくスタッフたちをうれしく眺めながら、私も自分のするべきことを続けよう。

自慢の愛車と、その愛車が好きな牛たち。すべてをかけて築いた牧場で。

わたしの信条――中洞正

1. 山に聞き牛に聞く

万物の霊長たる人間が地球環境を破壊し次世代への継承さえ危ぶまれている昨今、人間は自然の前に謙虚になり、ほかの生命体に対し畏怖の念を抱かねばなるまい。

2. 山は牛と人を育てる

山は全ての動植物の源泉である。牛を育てるとともに人間とて山の中にその生命を育む。

3. 山地酪農は単なる牛乳生産ではない

山地酪農は牛の力で健全な山、保水力が高く土砂崩れを起こさない強い山を作る。きれいな風景を作って国民の癒しの場、観光資源にもなる。

4. 山をキャンバスにするアーティスト

山地酪農家は芸術的感性で広大な放牧地と風光明媚な山を創る。

5. 空気と水は山から

全ての動植物は空気を吸い水を飲む。生命の根源は山にある。

6. 道徳と経済の一円融合

山地酪農の提唱者猶原恭爾博士は二宮尊徳の「報徳記」が必読の書だと言っていた。尊徳は「経済なき道徳は戯言であり、道徳なき経済は犯罪である」と断じた。

7. 日本の山は露天掘りの金鉱

アルペン酪農の提唱者であり自ら八ケ岳山麓でそれを実践した日野水

一郎先生は、スイス留学の経験から「スイスの山と比べて日本の山の草の生産力ははるかに高い。日本の山は露天掘りの金鉱だ」と言っていた。

8. 林業と共生する山地酪農

林業が衰退して久しい。林業は切っては植えるを繰り返すことによってその経済サイクルが維持されてきたが、日本の林業はそのサイクルが断たれて久しい。植林地の管理は数十年にも及ぶ。その中でも最も重要で重労働な作業が下草刈りである。牛を植林地に放牧することで「舌草刈り」ができ、その作業が大幅に軽減されるとともに牛乳で収入を得られる。

9. 首府は国民の墓場である。

猶原博士の著書「日本の山地酪農」の冒頭にこの言葉がある。この言葉は19世紀のベルリンで言われたという。現在の都市生活から見れば牧歌的時代に使われた言葉である。都市生活は心身の耗弱《こうじゃく》を招き華やかに見える都市には亡者への落とし穴や迷路があまたある。土から離れることはみじめである。と断じている。

10. 牧場のない名家は滅ぶ

この言葉は中世のヨーロッパでいわれたという。当時都市に住む貴族のほとんどは地方に牧場や農園を所有していた。都市生活のストレスを解消するために農園や牧場が重要な役目をはたしていた。当時のパリやローマは50万人程度の人口だったといわれている。現在の東京は1000万人の人口を抱える病める大都市である。

11. 夢は語れ、語らなければ実現しない

学生時代山地酪農を学んだ中洞は大学を卒業するとき「絶対に山地酪農をやる！　俺がやらないで誰がやる！」と、言って卒業した。以来40数年いまだに言い続けている。

なかほら牧場の製品

しあわせな牛から　すこやかでおいしい牛乳

なかほら牧場は、一年を通して山に牛を放牧する「山地酪農」。草食・自然放牧・ジャージー牛・ノンホモ・低温殺菌・自家製造・直送と、最善の酪農〜乳業手法を実践することで、味や安全面において最高品質の牛乳や牧場製品の提供を目指している。

ピュアグラスフェッドバター

穀物を食べている牛の乳でつくるグレインフェッドバターに対し、草食の牛のバターはグラスフェッドバター。なかほら牧場では、野草を食べて暮らすためピュアグラスフェッドバターと名付けた。

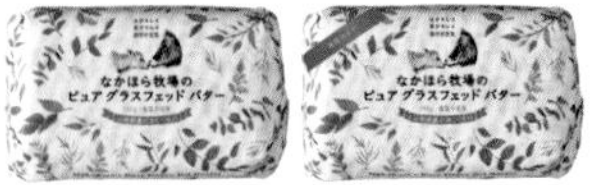

カップアイス

ミルク本来の風味を大切にしたミルク、チョコレート、抹茶、自慢の生クリームをたっぷり使ったクリームリッチなど。

なかほら牧場牛乳

ノンホモ・低温殺菌の牛乳は自然のまま。だからガラス瓶の口にクリームラインができ、振り続けるとバターも少しできる。

ヨーグルト
（ドリンクタイプ）

プレーンは糖分不使用。牛乳と乳酸菌だけで仕上げた爽やかな味わい。農薬・肥料不使用で有名な「奇跡のリンゴ」ジュースを贅沢に使用した奇跡のリンゴや山ぶどうジュース、アガベシロップを加えた加糖タイプもある。

なかほら牧場の煮込みハンバーグ

旨みと歯ごたえが自慢のグラスフェッドビーフの粗挽き肉を、ジューシーに焼き上げたハンバーグ。ほどよい酸味のイタリアントマトソースで煮込んだ人気の逸品。

グラスフェッドビーフカレー

福岡県のカレー専門店「あんくる」製。スパイスから調合してつくる人気店の辛口カレーは肉の旨みとコクが際立つキレのいい辛さで、中辛と大辛の2種類。

ぷりん

なかほら牧場牛乳と放し飼いの鶏の上質な卵を使い、ひとつひとつ手作りする無添加プリン。カスタード、チョコレート、ほうじ茶など、どれもふんわりやわらか、やさしいおいしさ。

なかほら牧場のピュアグラスフェッドバターでつくった美味しいギー

グラスフェッドバターをコトコト煮詰めて水分やタンパク質などを取り除いた純粋なバターオイル。欧米諸国でオリーブオイルやココナッツオイル以上に「体にいいオイル」として注目を集めている最高のヘルシーオイルだ。

グラスフェッドビーフ

山を自由に歩き回り、野シバを食べる山地酪農育ちの牛だから、脂肪分の少ない歯ごたえのある赤身肉。弱火で2時間以上煮込むカレーやシチューなどの料理におすすめ。

なかほら牧場を支える

file : 01

山の中を走り回る牛を見たときの感動を胸に

佐々木虹輝さん
事務担当／岩手県出身

農業をしていた祖父の影響で農業関係の仕事がしたいと考えていました。酪農にも興味を惹かれてなかほら牧場のウェブサイトなどを見ているうちに「行ってみたい！」と思うようになりました。牛本来の生活環境を守り、山、自然と共存するという部分に心を掴まれたのです。牧場での仕事は、卸先とのやり取りや、研修で来牧される方たちの対応などがあり、自然の中で牛たちと触れ合いながら、取引先やお客様とも接することは、勉強になることがたくさんあります。

「牧場で飼われている動物」というイメージの牛も、本来は野生の動物です。四季折々の自然の中で、自分の力で生きて子どもを産み育てる牛たちの姿に、そして、そんなふうに生きる牛の牛乳のおいしさに驚き感動しました。ここでは、自分が感じたことをお客様に伝えていきたいと思います。将来的には、他の農業分野でも見聞を広め、学んだことを活かし理想とする農業活動を目指していきたいです。

なかほら牧場の牛は結構なスピードで走る。

スタッフが語るなかほら牧場

file : 02

本当の牛乳のおいしさを、たくさんの人へ

松本 萌さん
飼養担当／熊本県出身

農業高校の牛部で初めて牛と触れ合い、牛の魅力に引き込まれていきました。のんびりしてマイペースで、でも表情が豊かですごくかわいいのです。朝晩の搾乳は楽しくも大変な時間です。でも、なかほらの牛乳は、普通にお店で売っている高温殺菌の牛乳とは全然違う。本当の牛乳の味なんです。このおいしさをたくさんの人に知ってほしいと思います。

将来は、自分の牧場で牛飼いをしながら野菜などをつくり、自給自足の生活ができたらいいなと思います。そのためにも、ここで学ぶことがたくさんあります。牛の分娩は、何度見ても命の大切さが胸に響きます。すべては牛のペースで、ふと気づくと仔牛が1頭増えている。そういう環境でのんびり、でも一所懸命生きる牛を見ていると、山地酪農の素晴らしさを改めて感じます。牛はもちろん、山を守るのも山地酪農の力。「山と牛と生きる」ということなのだと思います。

農業高校で牛と触れ合い魅力に引き込まれた。

file : 03

季節ごとに違う、成分分析ではわからない味わい

露木亮太さん
飼養&販売担当
神奈川県出身

牛舎の仕事をしながら、定期購入のお客様に牛乳や乳製品を届ける仕事を担当しています。イベントなどで牛乳の説明をすることもあります。牛の飼い方や理念を理解し、本物の牛乳の味を知ってもらう。そんな仕事にやりがいを感じます。

放牧に興味をもったのは、自分の知らない世界だったから。そして今、一生続けていきたいと感じています。これから山地酪農ができるかどうかはわからないけれど、最低限、24時間牛をつながずに飼う環境にはこだわっていきたいと思っています。なかほら牧場にきて、初めて飲んだ牛乳の味に衝撃を受けました。今まで飲んでいた牛乳とはまったく違うのです。ここの牛は、夏は野シバを食べていますが、冬は雪が深くなるので干し草を食べます。そのため牛乳の味も変わります。お客様にも「季節によって味が違う」と言われます。多くの人に、生きている牛が分けてくれているものだと感じてほしいと思います。

毎日牛の様子を観察する。

スタッフが語るなかほら牧場

file : 04

ゆったりしている牛を見る、小さな感動に満ちる日々

岩楯風見さん
プリン製造&飼養担当
東京都出身

プリン製造や搾乳などの仕事を担当しています。飼養担当の日には牛の世話をして牛乳を搾り、製造担当の日にその乳を加工します。牛の様子を思い起こしながら、日々変わる牛乳の味わいによって調合を工夫します。「すごいことだな」「ありがたいな」と思います。牛はにぶいように見られがちですがマイペースなだけで、気持ちも表情もとても豊かな動物。雨の日は活発になって牛追いが大変だったり、久しぶりに晴れた日に、ゆったりとしてうれしそうに空を眺めていたり。それぞれ性格も、その日の機嫌も違います。そのすべてが愛おしく感じられます。

この牧場ではいろいろなお客様との触れ合いもあります。新商品の開発や、牛の頭数が増える、テレビで紹介されて急にものすごく忙しくなるなど、変化が大きな職場でもあります。こういう環境で学んだことを活かし、将来は大学時代を過ごした長野で、動物と共にある暮らしがしたいと思っています。

牛の表情、生き方に
感動を見つける日々。

file : 05

まるでハイジの世界！牛も人も幸せな牧場

笠原ひかりさん
プリン製造＆飼養担当
神奈川県出身

どこで作業していても、大自然の中で生活している牛の姿が見える。季節を感じながら、春になるとみんなで山菜を採って天ぷらにする。そんな恵まれた環境で、自分で搾った牛乳でプリンをつくる。それを、たくさんのお客様に「おいしい」と喜んでもらえる。とても充実した毎日です。クリームラインをはじめて見てそれを飲んだとき、その牛乳のおいしいこと！季節などによって牛乳の味が変わるので、プリンの味も変わることに気づきました。牛の世話とプリン製造、両方に携わることができるので、経験の中で学べることがたくさんあります。

プリンも他の製品も、原料はすべて牛たちが分けてくれた高品質なもの。それを使ってよりよいものをつくっていきたい。今は3種類のプリンをつくっていますが、新商品の開発などもできたらいいなと思います。これからも牛に関わり続けたいけれど「もう普通の牧場には行けないな」というのが今の悩みです（笑）。

自分で搾った牛乳で
プリンを作るのが楽しい。

file : 06

地球のサイクルと牛のペースに沿って暮らしたい

庄司 茜さん
飼養担当／神奈川県出身

牛と触れ合うのは初めてでしたが、意外なことがたくさん。群れでおとなしく仲よくしているイメージですが、意外と上下関係が厳しくて、搾乳でも強い牛から順番に入ってくる。でも、みんなかわいくて、特に親子の姿を見ていると本当にほのぼのします。牛が草原で自由に草を食んでいる風景は、いつ見ても感動もの。霧の中、牛の姿が見えずに山奥に探しにいって心細かったこと、毎日山登りのようなものなので、体力的にまだ追いつかずキツイことなど、すべてがいい経験です。

お客様の声を直接聞けるのもうれしい。牛乳を試飲したとたん、パッと表情を変えて「おいしい！」。そのたびに喜びとやりがいを感じます。将来は少数の牛を飼って牛乳を搾り、カフェラテやミルクティー、お菓子をつくりたい。「これは、あの子が分けてくれた牛乳でつくったんですよ」なんて、くつろいでいただけるカフェができたら最高です。

地球の循環の中で動物と暮らしていきたい。

スタッフが語るなかほら牧場

file：07

渡邊蒼悟さん

飼養班リーダー／新潟県出身

成長を見守った仔牛の乳を搾れるやりがい

環境関係の仕事をしたいと考えていましたが、一次産業に興味が湧いてここへ。仕事を始めたときは、重いものもよく持てないし、工具などもうまく使えない。くじけそうになりましたが、できることが増えてくると「もっとできるようになりたい」「あれもしてみたい」と楽しむ余裕もできてきました。なんといっても、牛が自由にのびのびと生きている。親子が一緒に、人とも寄り添いながら、自然に幸せそうに過ごしている。そこに一緒にいられることがうれしいです。

自分が担当した仔牛が成長して親牛になる。成長過程を見てきた牛の乳を搾乳するときは感動です。難産のとき、少しずつ出てきた仔牛を引っ張りだし、人工呼吸をしたことも忘れられない出来事です。そんなことを積み重ね、ずっと山地酪農に携わっていきたいと思うように。自分の牧場で牛に無理をさせず、牛の状態ごとに味の違う本当の牛乳を届けていきたいです。

人に慣れた牛と美しい様々な思い出を共有。

file：08

木村麻祐子さん

事務＆発送担当／神奈川県出身

自然と動物と共にある暮らしを実現、発信したい

乳製品製造を担当後、結婚、出産を経て、乳製品の梱包や出荷作業、事務作業などをしています。ここでは牛相手の仕事だけでなく、産業として流れがあることを実感します。取引先や製品が増え、研修生やお客様も大勢訪れます。4歳の息子を連れて出社することがあると、みんなに笑顔で相手をしてもらい、自然の中で動物の命と触れ合う経験ができる素晴らしい環境に感謝しています。

仔牛が生まれた瞬間に「母親スイッチ」が入る母牛の姿は、何度見ても感動します。それまでは甘えん坊だったり、のほほんとしていたりした牛が、夢中で仔牛を舐めて世話をする。そういう姿から私が学んだことを、息子にも感じてほしい。いずれは我が家に畑をもち、動物と一緒に暮らして、自給自足に近い生活ができたらいいですね。その暮らしを発信して、いろいろな人に見たり体験したりしてもらえたらと思っています。

母牛から仔牛が乳を飲むのは当たり前の風景。

file : 09

支えあって生きていくことを自然が教えてくれた

岡本美紀さん
事務＆発送リーダー／岐阜県出身

鉄道員として秒刻みの生活を続けていたとき、牧場長の著書が目にとまり見学に訪れました。1泊2日、山仕事の疲労感と爽快感。幸せに暮らす牛たちが山をつくりあげ、牛の営みに合わせて人間が動く。自然の循環の中で、自然と共存して過ごすことに強く惹かれました。日が昇ったら仕事をし、日が沈んだらみんなでご飯を食べて語らい、そして寝る。なんて豊かなサイクルなんだろうと思い、転職を決意したのです。

今、少しずつ乳製品の裏側を知り、値段ではなく質で選ぶ人が増えているように感じます。私はここで、本当においしいものは、牛の食べるものからこだわった自然のままのものであることを知りました。厳しい冬を越え、木々が芽吹き、野シバの緑がどんどん山を覆っていく。地域全体の人間関係も含め、すべてが豊かなここでの暮らしで、自分自身も豊かに健やかになれたような気がします。

山地酪農を広め卒業生も支えていきたい。

スタッフが語るなかほら牧場

file : 10

ファンになってよかったと思ってもらえる牧場であり続ける

河井智里さん
オンライン販売担当
北海道出身

自然の中で動物と共に働きたいという想いが膨らんでここへやって来ました。感じたのは空気がよいこと、風邪をひかなくなったこと、体力仕事のあとのご飯がおいしいことなどです。そして自分でも驚くほど動物が好きになり、牛がかわいいと思うようになりました。自分が名前をつけた牛がもうすぐ出産なのでとても楽しみです。仔牛が細い脚を踏ん張って、何度か倒れながらもヨロヨロと立ち上がる姿。それを見守る母牛のまなざしは、いつ見ても感動します。冬はマイナス20℃、雪の中の牛追いは想像以上に過酷ですが、この生活が好きです。ずっとここで働きたいと思っています。

なかほら牧場は今の日本の一般的な牧場とは違います。幸せな牛から分けてもらった、自然の恵みの乳製品を届けています。健やかでおいしい製品を届けることでファンを増やしています。山地酪農や製品づくりのあり方などを理解してくれるお客様に支えられて歩んでいくために、ここから発信を続けていきます。

外資系企業から転職し自然と動物と共に。

file : 11

林 直秀さん

オンラインストア＆ web担当
神奈川県出身

様々なゲストが訪れ 感動を共有してくれる喜び

牛乳をスーパーで買うのが当たり前の時代。「放牧しています」と言っても「当たり前でしょ」と言われる。でも、ほとんどの牛は牛舎に閉じ込められているという現実を知らない。牧場がメディアで多数取り上げられたときは、注文が殺到してネットがパンク状態。でも乳は牛から分けてもらうもの。それを理解いただき、人間の都合で乳の量が増えるわけではないことをわかってもらえるようにしっかり伝える力をもちたいですね。

山地酪農はほぼ完全無欠のシステムだと感じます。野シバで山に保水力をもたせ、治水や治山に役立ち、牧場が失われた里山の役割を果たして、野生動物と人間の境をつくる。ここは、様々な人が集まる不思議な場所。一流シェフや投資家、ジャーナリストや外国からの訪問者。そんな中で素晴らしい時間を過ごしています。将来的にはこの感動を自分の手で、小規模でも牛と触れ合える牧場をつくりたいと思っています。

人と動物たちが互いにリスペクトしあえるように。

スタッフが語るなかほら牧場

file : 12

千葉夢子さん

発送担当
東京都出身

命をいただく感謝の中で 生きていきたい

サラリーマンだった夫がチーズ工房をやりたい、チーズの原料である牛乳から自分でつくりたいと言いはじめたことで、ここに学びに来ました。東京育ちの私には慣れないことも多く、見たこともないような大きな虫の来襲は本当にイヤでした。でも今は全然平気。どこでも暮らしていける自信がつきましたね。

冬の雪景色から春、青草で一面の夏が来て、まぶしいほどの紅葉。そんな季節の移り変わりのすべてが素晴らしい光景。空気が澄んでいて、夜は信じられないほどの星が満天に広がります。日々、感動です。食に対する意識も変わりました。懸命に生きている牛たちを毎日見ることによって、乳や肉をいただくありがたさを実感しています。自然の中で生きることは自分の体を動かし、自分の頭で考えることだと感じます。今はまず酪農をしっかり覚えること。同時に、自分たちの牧場づくりの土地探しも進めています。

夫婦の夢である牧場の土地探しもはじめている。

file : 13

畜産物の生産と食卓を近づける場づくりを

奈良部千明さん
発送担当
埼玉県出身

牛が野山を駆け回っている光景を見たときは驚きました。リビングにいても、仔牛たちがたわむれる姿が見えます。「牛ってこんなに身軽なんだ」「あんないたずらしてる」なんていうことがわかり、とてもおもしろい。

牛は命をもつ動物であり本能を秘めている。それを発揮できる環境なら幸せに暮らし、よい乳や肉を分けてくれます。すべての動物が私たちと変わりなく生きる命。畜産物としていただきながら、どのように生産されているか知らされないまま食卓に上がっていることへの違和感があります。私は、畜産物と食卓の距離を近づける場をつくりたい。たとえば家庭的な環境で山羊を飼い、乳、肉、皮など丸ごと利用することで、命を感じ感謝する。ムダがでない食糧生産のシステムをよしとする考えが広まってほしい。そのためには、ここで学ぶ私たちもいろいろな手段で継続的に発信していくことが大切だと思っています。

牛が牛として生をまっとうする場を求めて。

file : 14

スタッフの雰囲気に惹かれて楽しい共同生活へ

豊田千波さん
製造班リーダー
愛媛県出身

スタッフ同士は仲がよく、共同生活が楽しくて仕方がありません。それぞれ夢をもって仕事に取り組んでいて、そんななかほら牧場が大好きです。もちろん、仕事では厳しいこともあります。最近は新たな機械を導入したおかげで6時出勤になりましたが、以前は4時出勤で、冬などは特に寒くて大変でした。でも、催事のお手伝いに行くたびになかほらの知名度が上がっていることを感じ、やりがいがあります。私たちがつくったものを、目の前で「おいしい」と食べていただけるのが何よりの幸せです。お客様は、実際につくった人間がここにいるとは思わないでしょう。自分たちで世話をした牛から分けてもらった乳をこの手でお客様に届く製品にする。それができるのは、すごいことなのだと感じます。

今は新製品の開発に燃えています。フレーバーのバターや、おいしいギーカレーをつくること。将来的には大好きな料理でたくさんの人を笑顔にする仕事がしたいと思います。

プラントリーダーとして共に成長できるように。

file : 15

人と動物の良好な関係づくりをめざして

志知由佳子さん
製造担当
静岡県出身

なかほら牧場を知ったとき、幸せな牛や自然環境はもちろん、人と牛との関係にも感動しました。人と動物のよい関係づくり、そのヒントが山地酪農にあると感じてここにいます。牛ありきの山地酪農なので、いきなり生産量を増やすことはできませんが、注文は確実に増えています。牧場を訪れてくれる人も増え、親子連れの姿も多くなりました。お子さんに知ってもらい、何かを感じ、考えてもらえれば本当にうれしいです。

なかほら牧場の牛乳はおいしい。そう感じてもらえるだけでもうれしいけれど、なぜそうなのか。幸せな牛、元気な牛が分けてくれる牛乳だからおいしいということを知ってもらいたい。自分が名前をつけた仔牛がどんどん成長して、ある日、山で必死に草を食べている。ちゃんと頑張って成長して、一所懸命生きているのだなと思うと胸がいっぱいになりました。こうして成長を見守れる環境があるなかほら牧場に来てよかったと思います。

知名度が上がる中、ふさわしい商品づくりを続ける。

スタッフが語るなかほら牧場

file : 16

乳も肉も……命のリレーをつなぐ実感を

熊谷聖子さん
製造担当／神奈川県出身

山歩きや動物が好きだったこともあり、ある牧場へ。でも、狭い牛舎の中で身動きできない牛たち。計画的に出産させられ、産んだ我が子とはその場で離されてしまう。そういう酪農の現実に出会い、その後イベントでなかほら牧場を知り「行ってみたい！」と思うようになりました。ここでは、外を見れば当たり前に牛がいて、この牛たちからもらった乳で製品をつくっていることをリアルに実感できます。山の中で親子が過ごしている姿を見るたびにうれしくなります。

私は子どもの頃から牛乳が大好き。このおいしい牛乳が飲めるのは当たり前のことではありません。雄の牛を肉にするという現実からも逃れられません。なかほら牧場では、すべての牛をムダに殺すことなく、お肉として別の命につなぎます。私たちと同じ場所で、同じ空気を吸って育った牛が食卓に上がることも。本当の意味で「命をいただく」ことを実感しながら、その意味と感謝を噛み締めることができます。

日本の酪農の現実に負けず理想を追い求めたい。

file : 17

岡田慎也さん
製造&イベント担当
神奈川県出身

意欲を感じる仕事場でリアルな経験を積んで

牛たちはもちろん、人もいきいきと仕事ができる牧場です。ユニークなスタッフがたくさんいるし、そんなスタッフの自由な発想にトライさせてくれます。自分次第でしたいこと、おもしろいことにチャレンジできる。

ここでは山の中、自然分娩での出産ですが、中には保護が必要となり、産まれたての仔牛を抱えて山をおりなければならないこともあります。仔牛とはいっても、抱えて急斜面をおりるのは大変だし、母牛も心配して鳴きながらついてくる。でも、そうやって産まれ、生きていく牛たちが厳しい冬を乗り切り、春になると芽吹く野シバをもりもりと食べて大きくなっていく。そして乳を分けてくれる。一つひとつの出来事が感慨深いのです。そして催事の販売は、お客様に届ける機会。「楽しみにしていた」「おいしい」という言葉を聞くと、この牧場に来てよかったと心から感じます。

一次産業を取材する仕事からスタッフへと転身。

スタッフが語るなかほら牧場

file : 18

川村萌子さん
製造担当
岩手県出身

牛から人から学ぶ、毎日が驚きと感動でいっぱい

実家が農家で、私もいつか継ぎたいと考え、研修に来たとき、牛たちが山を駆け回っている姿に驚き感動すると同時に、自分もここで働きたい、そしてたくさんの人に山地酪農の素晴らしさを知ってもらいたいと思いました。今は乳製品の製造と、検査などを行っています。大きな機械が入って作業が楽になった部分もありますが、厳しい衛生管理のもと、機械の洗浄などは大変です。でも催事でお客様に高い評価をいただいたり、来牧したお客様に「来てよかった」と言っていただいたりすると疲れも吹き飛びます。「この牧場はこんなにすごいんだ」と改めて感じます。

様々な場所から集まるスタッフは、いろいろな発想や想像力をもっています。もっと製品をよくするためにも試行錯誤していて、とても勉強になります。まだまだ修行中の私ですが、製品の改良に向けて自分なりのアイデアなども出せるようになりたいです。

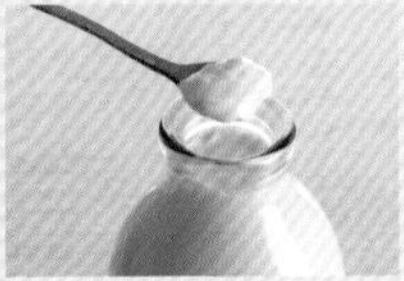

クリームラインができるほんものの牛乳に感動。

file : 19

自信をもってすすめられる本物に携わりたい

伊村健太さん
製造担当／千葉県出身

私はここに来て、食に対する意識ががらっと変わりました。これまでは意識することもなく、価格を重視して食品を選んでいたことに気づきました。製造する立場になってみると、高い製品にはそれなりの理由があることがわかります。おいしく安心して食べることができるものを届けるためには、今の社会ではある程度のコストがかかります。同時に、つくり手として、自信をもってすすめられる製品をつくれることは幸せなことだと思います。

別の牧場で働いているときには、自分が育てた牛の乳がどのように消費者の手に渡るのか、まったくイメージできませんでした。なかほら牧場なら6次産業であり、しかもほぼ完全な放牧で牛の育て方からこだわっている。そのため、牛が人に対して警戒心なく穏やかに接している。牛が大切にされ、ストレスなく人を信頼しているからです。これからもずっと牛飼いに携わっていきたい。ここに来て、改めてそう思っています。

「岩手といえばなかほら牧場」と言われたい。

file : 20

生きる力を得ること、命を預かることへの覚悟

大橋宏美さん
飼養担当／青森県出身

東日本大震災に遭いボランティアに参加しながら、何もできない自分をもどかしく感じていました。さらに発展途上国でのホームステイで、生きることが当たり前じゃない環境を経験。生の実感と感謝、生きものたちの命をいただくことで、エネルギーやパワーを分け与えられていること。それに気づくと、命はつながっているということがリアルにわかります。

動物の生きる力、たくましさ、順応性には感銘を受けます。牛のお産に毎回感動するのと同じように、命をいただくときには毎回感謝して笑顔で食べることで、命の循環を実感でき、命を預かっている責任の重さも感じます。それでも日々発見のある牛との生活は楽しい。春夏秋冬を感じながら、自然と共に生きる日々。真の豊かさや幸せは、心身のバランスが整っている状態、他の生きものたちとの共存の中で、命のつながりに感謝しながら、その中に存在する状態のことだと心から思うのです。

命のリレーを身近に感じられる生き方を求めて。

file : 22

独立した仲間に手を差し伸べられる土台づくりを

牧原 亨さん
現場責任者
岩手県出身

兄と二人で継いだ実家の牧場をたたんだときのこと。当たり前だった牛の世話から離れたことで、やはり自分は酪農がしたいんだと実感したのです。今はスタッフをまとめる責任者の立場です。やりがいはありますが、牛の世話より大変なことも多い。

私が目指すのはスタッフの意識と技術の向上ですが、それはここにいる間のことだけではありません。ここを卒業し独立した人たちが、もしも困ってどうしようもなくなったとき、なかほら牧場で出会った人間に相談できる。そういう関係を築くことが役目だと考えています。牧場はたいてい人里離れた土地にあります。そこでたくさんの動物の命を預かる。24時間365日、待ったなしの責任が問われる。だからこそ、ここではいつでも誰かが待っている。必要ならいつでも手を差し伸べるから、その手を掴んでほしい。そういう場の土台をつくりたいと思っています。

牛とも人とも難しさと
やりがいある絆づくりを。

file : 21

牧場長のそばで酪農と経営、すべて学びたい

塩越雄大さん
製造担当／北海道出身

実家が牧場を経営しているので、子どもの頃から父と一緒に牛の世話をしていました。牛の世話は体が覚えているし、何より牛が好き。経営者としても人間としても尊敬する父の牧場を継ぎたいと思っています。今担当している製造の仕事は知らないことばかりで新鮮な毎日です。牛の世話以外のことが勉強できるのはありがたいです。思いやりあるスタッフのみんなや、牧場を訪れる多種多様な方々と触れ合えるのも楽しいです。

僕は牧場長のそばで考え方、やり方を学び、自分に足りないものを身につけたいと思っています。そしていずれは父が目指す牧場を、一緒につくりあげていきたいと考えています。牧場の仕事の中で、牛との生活はメインではあってもすべてではありません。経営的なことや周囲といかに協働していくかを考えることも必要です。少しでも早く、多くのことを学んで、自分の牛を育て牧場を経営していきたいです。

自分ならどうするかを
意識しながら学び働く。

file : 23

夢をあきらめない生き方も受け継ぐ

上田愛香さん
製造担当／愛知県出身

農業（野菜づくりや酪農）、飲食店経営、環境保護活動、犬・猫の保護活動……やりたいことがいろいろあるので、それらを複合させた何かができないかと模索中です。夢を叶えて「誰にだってできるんだ」ということを見せたい。自分の牧場を開いた卒業生たちからもらった勇気の輪を広げていきたいですね。

もともと牛舎酪農しか知らなかったけれど、ほとんど身動きできない状態で乳を搾られ続ける牛は幸せなのかと疑問をもち、いろいろ調べていくうちに山地酪農や、なかほら牧場のことを知りました。さっそく2週間研修させてもらい、牛たちの穏やかな表情と牛乳のおいしさに感動。ここで働きたいと思いました。この環境でリラックスして生きる牛たちから分けてもらう牛乳。それを自分たちで加工し、全国に届けていると思うととてもやりがいを感じます。親も私がなかほら牧場で働いていることを喜んでくれているのがうれしいです。

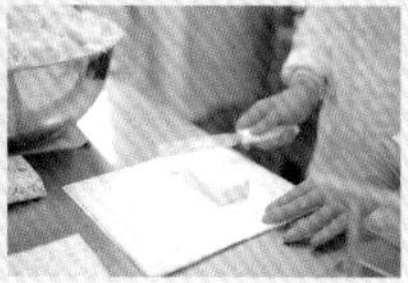

この環境でやりがいを感じて製造に携わっています。

スタッフが語るなかほら牧場

file : 24

応援してくれる人々への感謝を胸に次代へ

ささきまきこさん
東京事務所／岩手県出身

地元のなかほら牧場のことは初期の頃から知っていました。東京の友人に「良い牛乳」を紹介してほしいと言われ、中洞さんを訪ねたのをきっかけに、ステップアップの手伝いを頼まれて2003年に入社。外部機関や銀行との交渉をメインに、様々な経験をしてきました。大変なことも多かったけれど、隣接する地主さんが山地酪農に理解を示し土地を提供してくれて牧場が拡張できたこと、「幸せな牛乳」といえばなかほら牧場といわれるようになったことなど、やってきてよかったと思えることがたくさんあります。

それも全国の多くの方々からの支援あってこそだということを忘れてはならないと思っています。「本家・なかほら牧場」が屋台骨として経済を成り立たせ、ここに身を寄せ、巣立っていったみんなの指針であり続けられるよう、次代の担い手に引き継いでいきたいと考えています。

file : 25

吉野恭涼さん

事務担当／東京都出身

土と共に、他の命と共に 環境も想いも循環させたい

東京農大の実習でなかほら牧場と出会い、牛とふれあう楽しさ、六次産業で消費者とつながる手応えなどに魅力を感じました。もともと酪農を目指していたわけではありませんが、何度か実習を重ねながら卒業し、都内で就職しました。でもやはり牧場での経験が忘れられず、なかほら牧場で働くことを決意。退職後、半年ほど全国の牧場を見てまわってからここに来て、改めて素晴らしさを実感しています。

現在の仕事は事務ですが、大自然の中、牛のそばで牧場経営を学べる環境です。仕事を覚えるのに精一杯な状態から、早くみんなに貢献できる人材になりたい。そして、30歳くらいまでに自分の牧場を開くのが夢です。土と離れて生きている人たちにも農業や酪農の大切さ、命をいただくことの尊さを感じてもらえるような、人が集える牧場をつくるため、働き学んでいきたいと思っています。

牛とふれあう楽しさを実感しています。

スタッフが語るなかほら牧場

file : 26

千葉真史さん

長期研修生／愛媛県出身

牛と共につくるチーズで 食べた人を感動させたい

チーズづくりを目指すうちに、原料である牛乳に興味をもちました。ヨーロッパのチーズ文化が豊かなのは、おいしくて、幸せな牛乳から生み出されるからだと思います。牧場長の著書を手に取り、苦手だった牛乳を飲んだとき、初めての深い味わいに驚きました。そして、「私が理想とするチーズづくりはここからだ！」と強く思いました。酪農はもちろん力仕事とも無縁の人生だったので、どの仕事も不慣れで最初はとても苦労しました。今では筋力もついて満杯の牛乳缶も持てるようになりました。

極寒の中でもたくましく育ち、青草を求めて人間が転げ落ちそうな斜面をラクラク上り下りする。そんな牛の姿を目の当たりにすると、不思議な活力が湧いてくるのを感じます。地元愛媛で山地酪農を実践する日が楽しみです。風土に根ざしたチーズを作りながら、生産性が低いと思われていた山林をよみがえらせ、宝の山にできることを証明していきます。

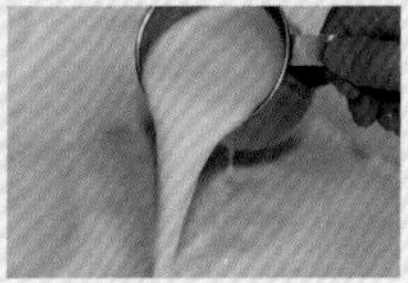

コクがあるのにサラッ…
おいしい牛乳との出会い。

スタッフ全員、笑顔で集合！

千年家とともに、ようやく10年

なかほら牧場の再構築を支えはじめて10年が経過した。写真からもわかるように、猶原博士が提唱し、中洞氏が三十年以上の闘いの末につくりあげた〝野シバと野草の山〟は、まさに『千年家』と呼ぶに相応しい農場である。関わった当初は国内屈指の牧場だと思っていたが、10年たって素人なりに世界の酪農の概況を知った今は、日本どころか世界でも希少な理想の牧場だと確信するようになった。ほかの農業分野と同じように酪農と乳業が世界中で『安値競争による量的拡大圧力』に晒されるなか、母乳哺育で母仔を共生させ、離乳後もちゃんと草で育てる本来の酪農スタイルは、少なくとも流通規模の乳業としてはほぼ消えてしまったのである。

この牧場の特徴は、牛舎なしの通年昼夜放牧、自然交配・自然分娩・母乳哺育、野シバなど無施肥の野草が飼料、飲み水が山清水であることなどだ。放牧という言葉からイメージする牧草は化学肥料を入れることが多いが、これを使うと土中の菌など、生きものが減ってしまう。化成肥料を入れるようになった欧州の牧地では動物の出生数が減少したとの報告もある。

また最近、免疫研究者から聞いた話では、塩素を含む水道水は粘膜の免疫細胞群にダメージを与えるらしく、牛の飲用水が塩素フリーであるこの牧場の乳製品は、生物学的に希少かつ極めて貴重なものだという。牛乳の88パーセント前後が水分であり、人間も動物もカラダは食べたもの飲んだもので出来ているという当たり前の事実に立ち返ると、町から遠く水道が引けなかったなかほら牧場は、その意味でも奇跡の立地だったといえる。

10年前に『黒い牛乳』（幻冬舎メディアコンサルティング）を出版したときのイメージは山地酪農の認知拡大と理想的な酪農の支援だったが、実際にやってみると農・食・小売の素人会社には想像以上の負荷。六次産業型の運営は価格決定権が維持できる反面、生産・製造・販売のすべてにお金がかかる。とくに機械設備と小売まわりの費用が大きく、主戦場であるIT業界とは桁違いだ。正直なところ、いくら牧場が素晴らしくても、補助金のもらい方も知らず地元農業社会とのつき合いもない都市企業には無理だったかと感じたこともある（上場していたら私の馘はとっくに飛んでいる）。

しかし、である。都市部で農業に絡んでいる人間は、とかく『農業を支えなきゃ』などと偉そうな表現をしがちだが、考えてみたら胃袋すなわち命を支えてもらっているのはこっちの方だ。支える側の農林水産業は常に病気・天気・放射能のリスクに晒され、ときに再起不能なまでの負債を背負う。だから農業と都市企業は支え合う関係にいた方がいい、それに何よりこの自称世界一の牧場を次代につなぐ義務がある、と思い直して今日に至る（応援してくれる皆さんのおかげで、収支均衡ラインまであと一歩だ。小さくない負担に耐えてくれている社内の人間にも感謝しないといけない）。

農薬・化学肥料の多用蓄積によって、山も土も川も海もすっかり劣化してしまった。種子法廃止・ゲノム編集食品などの事象からも判るように、行政や団体がグローバリズムとマネーにすっかり崩されてしまった現在、あるべき農と食を守るのは、そのことに気づいた組織と個人でしかない。当社としては、土と水を汚さない農業に参画できる幸せに感謝しながら、これからも循環型農業と健食の普及振興に関与しつづけるしかないだろうと考えている。

岡田元治

なかほら牧場　代表者

株式会社リンク　代表取締役社長

2020年2月吉日

東京事務所

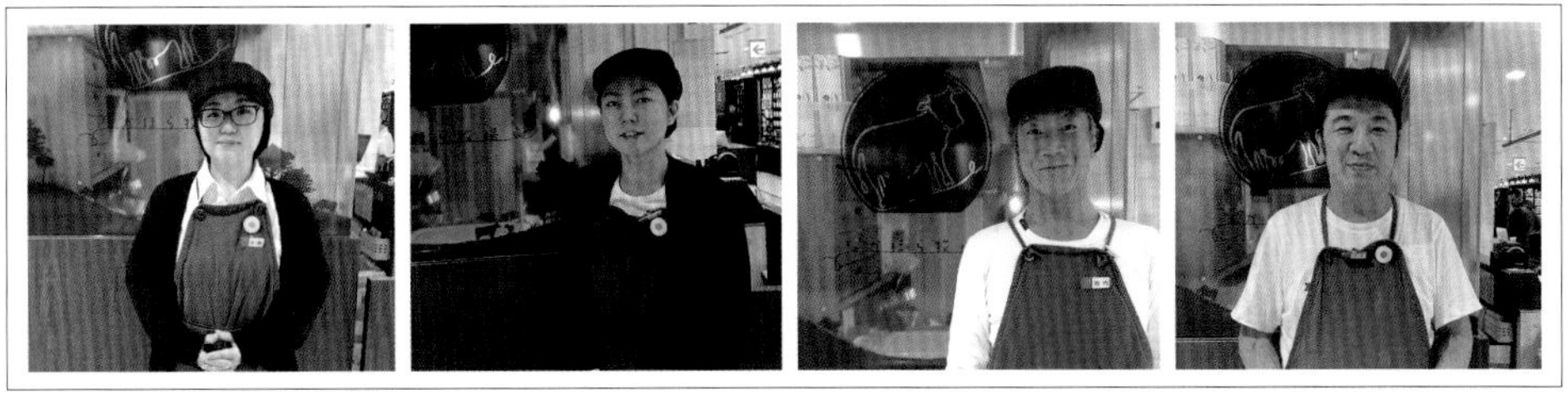

銀座松屋店

日本橋タカシマヤ店

名古屋タカシマヤ店

あとがき

日本の酪農は衰退の一途を辿っている。1960年代初めには約41万戸の酪農家があったが、毎年減少を続け2018年には1万6千戸まで減少した。規模拡大による生産乳量も1993年の約855万トンをピークに年々減少を続け、2018年には約720万トンまで落ちこんでいる。数年前に発生したバター不足は記憶に新しい。最近、不足は発生していないが、これは輸入によってカバーされているだけで、酪農家の減少による生産乳量の減少傾向は改善されていない。

酪農家の離脱の大きな要因は簡単にいえば「儲からない」からである。そのうえ糞尿にまみれる過重労働、1年365日休みなく働かなければならない。これで「儲からない」となれば離脱していくのが当然である。儲かるためには経費の約50パーセントにも及んでいる購入飼料費の削減である。そのためには山に生える無尽蔵の草を放牧で活用することが最も大切ではなかろうか。

酪農家への過重負担のみならず、牛にも大きな負担がかかっている。一坪にも満たない狭いスペースに、7~800キログラムの体重のある牛が身動きも取れないように繋がれているのである。家畜改良という名のもとに人工授精によって牛の体そのものを人間の都合で改変しているのである。他の生命体を改変するという神の領域を犯し生命倫理に反する行為を平然と続けているのが酪農の現状といえはしまいか。本来牛乳は仔牛

のものである。仔牛一頭が必要な乳量は生後10ヶ月の間に5〜600リットルあれば十分なのに、現在の乳牛はその約20倍の乳が出るよう改良（改悪）されている。これは科学技術の驕りであり他の生命体の尊厳を無視していると言わざるを得ない。

この様な酪農を健全な姿に取り戻さなければならない。なかほら牧場にはこの本で紹介されているように20代の若者が多くいる。いずれも関東を中心に南は熊本から北は北海道まで25名のスタッフがいる。志の高いこの若者たちが日本酪農の変革を担ってくれることを期待したい。この若者たちが全国から集い大きな夢と使命感を持つことや、なかほら牧場が全国の生活者から支持されて高い評価を受け、年々売り上げを伸ばしていることこそが、時代の求めていることの証であろう。

この写真集を見てくれた読者の方々も、この若者たちに声援を送っていただきたい。

最後にこの写真集上梓に積極的に協力くださった編集者のオフィスふたつぎの二木由利子さん、そしてフォトジャーナリストの安田菜津紀さん、フォトグラファーの高橋宣仁さん、デザインを担当してくれたホワイトライングラフィックスの齊藤信貴さん、ライターの稲佐知子さん、そして春陽堂書店の川上涼子さんにはたくさんのご指導をいただきました。ありがとうございました。

2020年2月吉日

中洞 正

写真掲載ページ一覧

安田菜津紀	表1、表4、p19、38、42、54、56、64、65、76/77、81（右）、82、101、102、119、141（右端）、143（左から2番目）
高橋宣仁	P14/15、16、18、20、22/23、24、25、26、34、44/45、48/49、50、51、58、98、99、100、103、104、107、112、114、117、118、121～131、138～140、141（肖像2点）、142（肖像2点、右端）、143（肖像2点、右端）、144（肖像2点、左から2番目）、145（肖像2点、右端）、146（肖像2点、右端）、147（肖像2点、右端）、148、149（右肖像、右端）、150（肖像左）、151、奥付
なかほら牧場	上記以外

著　者

中洞 正（なかほら ただし）

1952年岩手県宮古市生まれ。山地酪農家。東京農業大学農学部卒業。東京農業大学在学中に猶原恭爾先生が提唱する山地酪農に出会い、直接教えを受ける。卒業後、岩手県岩泉町で酪農を開始。24時間365日、畜舎に牛を戻さない通年昼夜型放牧、自然交配、自然分娩など、山地に放牧を行うことで健康な牛を育成し、牛乳・乳製品プラントの設計・構築、商品開発、販売まで行う中洞式山地酪農を確立した。なかほら牧場・牧場長および株式会社リンク・山地酪農研究所所長。2005年より東京農業大学客員教授。著書に『黒い牛乳』『幸せな牛からおいしい牛乳』『中洞正の生きる力』ほか。

写　真

安田 菜津紀（やすだ なつき）

1987年神奈川県生まれ。NPO法人Dialogue for People（ダイアローグフォーピープル/D4P）所属フォトジャーナリスト。同団体の副代表。16歳のとき、「国境なき子どもたち」友情のレポーターとしてカンボジアで貧困にさらされる子どもたちを取材。現在、東南アジア、中東、アフリカ、日本国内で難民や貧困、災害の取材を進める。東日本大震災以降は陸前高田市を中心に、被災地を記録し続けている。著書に『写真で伝える仕事 −世界の子どもたちと向き合って−』（日本写真企画）、他。上智大学卒。現在、TBSテレビ『サンデーモーニング』にコメンテーターとして出演中。

高橋宣仁（たかはし　のぶひと）

1974年、栃木県宇都宮市に生まれる。専門学校卒業後、カメラマンスタジオに入社し、2013年フリーランスのフォトグラファーとして独立する。2014年4月に株式会社ヒゲ企画を立ち上げ、広告写真を主に、雑誌、WEB、書籍など幅広く仕事を展開中。

20年共に働いてきたジープを駆って、
中洞さんは牛たちとの会話を楽しんでいる。

おいしい牛乳《ぎゅうにゅう》は草《くさ》の色《いろ》

牛たちと暮らす、なかほら牧場の365日

2020年2月29日　初版第1刷

著　　者　中洞正
写　　真　安田菜津紀、高橋宣仁、なかほら牧場
発 行 者　伊藤良則
発 行 所　株式会社春陽堂書店
〒104-0061
東京都中央区銀座3丁目10-9　KEC銀座ビル
TEL：03-6264-0855（代表）
https://www.shunyodo.co.jp/
執筆協力　稲佐知子
編集協力　オフィスふたつぎ
デザイン・DTP　WHITELINE GRAPHICS CO.
印刷・製本　亜細亜印刷株式会社

ISBN978-4-394-88003-5